平面代数曲線のはなし

An Invitation to
Plane Algebraic Curves

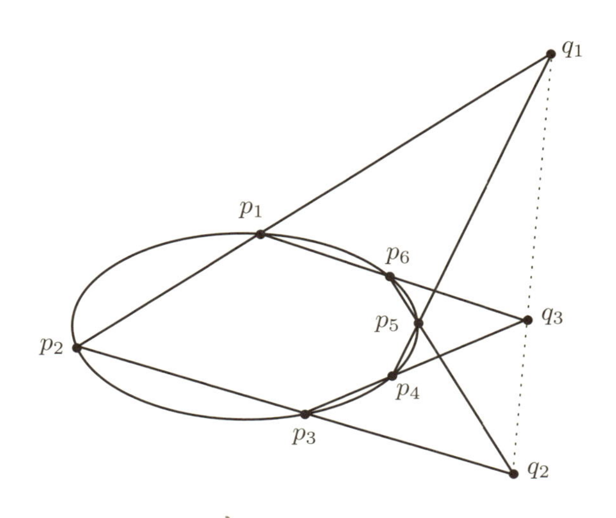

今野 一宏 著

内田老鶴圃

まえがき

本書では，平面代数曲線を題材にして，代数幾何学の入口を覗いてみようと思う．代数幾何学というのは，多変数の連立代数方程式の解として定まる図形の性質を研究する数学の一分野である．したがって本来は幾何学なのだが，代数方程式を扱う関係上，代数的な手法を多用することになるから，日本では代数学に分類されている．

中学校や高等学校で習う直線や放物線，楕円，双曲線などの2次曲線（円錐曲線）は，代数幾何学の研究対象である．なぜなら，これらはみな多項式で定まるからである．本書の読者ならば「直線 $y = 2x + 5$」や「放物線 $y = 3x^2 + 2x + 1$」という言い回しに違和感を覚えないだろう．わが国の充実した学校教育のおかげで，図形とそれを定義する方程式の一体化というデカルト (Descartes) 以来の精神が確実に継承され，浸透しているのである．曲線どうしの交点を求めるときには，連立方程式を解いた．これは，まさしく，幾何学と代数学の融合した姿であろう．このように，代数幾何学の考え方は，大学入学以前に慣れ親しんだ解析幾何を通して身についているはずなのだ．しかし，現代では概念の抽象化が著しく進んでいるため，改めて勉強しようと思ってもなかなか敷居が高い．初学者が一足飛びに現代的な定式化で学ぼうとしても，労多くして，ということになりかねない．そこで，さまざまな段階で理解を助けるためのガイドブックが必要になる．専門的な数学の知識をほとんどもたない読者に向けて，初歩からていねいに解説を試みる場合もあれば，ある程度高度な数学の素養を身につけた者や数学の研究者を目指す学生を対象として，最新の概念や手法をかみ砕いて解説する場合もあるだろう．本書は，どちらかといえば前者寄りだが，完全にそうというわけではない．読者には，大学の数学科で学部2年次までに習う程度の数学の知識と，それ以上に旺盛な知的好奇心を想定している．力量不足の言いわけになるが，ある程度面白くなるところまで読者を案内しようと思えば，それなりの要求をせざるを得ないのである．

本書の内容を概観しよう．第0章では，代数曲線を描くカンバスとして，複素射影平面が適している理由を，可能な限り直感的に把握できるよう説明を試みる．すでに，複素射影平面に馴染みのある読者は第0章を飛ばして，第1章から読み始めるとよい．第1章では，第0章で素朴に扱った事柄の多くに，線形代数を用いて数学的な肉付けを行う．デザルグ (Desargues) の定理をはじめとする，直線と2次曲線が織りなす古典的な射影幾何学を楽しむこともできよう．この章は[10]から強い影響を受けている．ここまでで，直線や2次曲線が主役を務める部分は一段落するので，第2章では3次以上の曲線を扱うための準備を行う．接線や変曲点など馴染みのある概念がここで登場する．一番の難関は，2つの曲線の次数と交点の個数との関係を述べるベズー (Bézout) の定理である．一見素朴な定理なのだが，交点での交わり具合を測る量（局所交点数）を適切に定めるためには，どうしても抽象的な代数学に頼らざるを得ない．ベズーの定理の証明自体は，比較的最近の記事[4]を参考にして，ユークリッド (Euclid) の互除法を用いる初等的な方針を採った．証明に興味がなければ，この部分は読み飛ばしても差し支えない．第3章と第4章は，それぞれ平面3次曲線と楕円関数に充てる．第3章では，非特異とは限らない既約な平面3次曲線を対象にして，直線との交点を用いた演算を導入して，その群としての構造を論じる．第4章では，非特異な3次曲線の群演算が，本を正せば複素数の加法に由来することを明らかにする．ここで敢えて複素解析学の範疇に入る一章を挿入したのは，代数幾何学の起源や手法が代数学に限定されるわけではないことを強調する狙いである．第5章では，平面代数曲線の微視的な特徴を捉えるために，解析的分枝に対してピュイズー (Puiseux) 級数を用いた媒介変数表示を導入する．これによって，平面曲線の正規化による特異点解消の様子が明らかになるし，局所交点数のベキ級数による解釈も可能になる．最後の第6章は，古典的なプリュッカー (Plücker) 公式の Viktor Kulikov による拡張版[7]に焦点を当てる．付随して，射影平面曲線のクレモナ変換による特異点の標準化，爆発（ブローアップ）による特異点解消，種数公式などにも触れる．最終目標は，一般の非特異4次曲線はちょうど28本の複接線をもつという古典的な結果を導出することにある．

本書と類似の意図で書かれた和書には，[16]，[10]，[12]などがある．いずれも個性豊かで優れた入門書であり，異なる切り口の解説を楽しむことができる．そういった中で，没個性にならぬように気をつけながら，本格的な対象を扱いつつも決して本格派ではない入門書を目指した．読者にほんの少しでも新たな楽しみを見出していただければ，望外の喜びである．

謝　辞

これは，大阪大学理学部での講義や奈良女子大学(2004 年 6 月)と埼玉大学(2011 年 12 月)で行った集中講義をもとに，いくつかの話題を付け加えて完成したものである．集中講義に招いて下さった武田好史さん，酒井文雄先生，岸本崇さんをはじめ，退屈な講義を毎日辛抱強く聴いてくれた学生諸君に，この場を借りて感謝申し上げる．

2016 年 10 月　　　　待兼山にて

今野 一宏

予備知識

$\mathbb{Z}, \mathbb{Q}, \mathbb{R}, \mathbb{C}$ は，それぞれ整数，有理数，実数，複素数の全体を表す．また，i は虚数単位 ($\mathrm{i}^2 = -1$) を表す．大学初年で習う程度の線形代数学や解析学は既知として話を進める．それに加えて，次のような事柄を了解できれば，予備知識としてはおおよそ十分である．

(I) 集合 A 上の 2 項関係とは，直積集合 $A \times A$ の部分集合のことである．2 項関係 R に対して，$(a, b) \in R$ のとき $a \sim b$ と書く．A の任意の元 a, b, c に対して，次の 3 つの条件がみたされるとき，R は A 上の**同値関係** (equivalence relation) であるという．

同値関係

（反射律） $a \sim a,$

（対称律） $a \sim b \Rightarrow b \sim a,$

（推移律） $a \sim b$ かつ $b \sim c \Rightarrow a \sim c.$

R が同値関係であるとき，$a \in A$ に対して部分集合 $[a] = \{x \in A \mid x \sim a\}$ を a が属する**同値類** (equivalence class) という．このとき 2 元 $a, b \in A$ に対して，$[a] = [b]$ または $[a] \cap [b] = \emptyset$ のうち，どちらか一方のみが起こる．したがって，A はいくつかの同値類の非交和 (disjoint union) になる．異なる同値類全体のなす集合をしばしば $A/\sim$ で表し，A の同値関係 R による**商集合**という．a に $[a]$ を対応させる写像 $A \to A/\sim$ を**商写像** (quotient map), あるいは自然な射影と呼ぶ．

(II) 一般に，複素数を係数とした，m 個の不定元 $Z_1, \ldots, Z_m$ に関する**多項式** (polynomial) とは，不定元を何個かずつ掛け合わせた（すなわち $Z_1^{i_1} Z_2^{i_2} \cdots Z_m^{i_m}$ (i_j は非負整数) という形をした）**単項式** (monomial) と呼ばれる対象に複素数の係数を掛けて，そういったものの有限個を足し合わせて作った式のことである．複素数を係数とする m 変数の多項式全体がなす集合を $\mathbb{C}[Z_1, Z_2, \ldots, Z_m]$ で表し，$\mathbb{C}$ 上の m 変数多項式環と呼ぶ[*1]．

どの単項式についても，現れる変数の冪 (べき) の総和が一定であるような多項式を**斉次多項式** (homogeneous polynomial) という．また，その一定値を斉次多項式の**次数** (degree) と呼ぶ．例えば，3 変数多項式

$$F(X, Y, Z) = 2X^2Y + \sqrt{2}XYZ + (5\mathrm{i} - 1)Z^3$$

は，どの項を見ても変数の冪の総和は 3 なので斉次多項式 (斉次三次式) だが，

$$G(X, Y, Z) = 2XY + \sqrt{2}XYZ + (5\mathrm{i} - 1)Z^3$$

については，第 1 項は変数の冪の総和が 2 だが，第 2 項と第 3 項は 3 だから，G は斉次ではない．

定数でない多項式を 2 つ以上掛け合わせてできる多項式を可約な多項式といい，そうでない多項式を**既約多項式** (irreducible polynomial) という．任意の多項式は，定数倍と掛ける順序を除いて一意的に，いくつかの既約多項式の積で表すことができる．斉次多項式 F を既約多項式 F_j の積で表して $F = \prod_{j=1}^{k} F_j$ と書いたとき，各 F_j も斉次多項式である．

$\mathbb{C}$ 係数の 2 変数 n 次斉次多項式 $H(X, Y) = \sum_{i=0}^{n} a_i X^{n-i} Y^i$ を考える．その係数を利用して作った式 $\sum_{i=0}^{n} a_i t^{n-i}$ は，1 変数 t に関する高々n 次の多項式である．代数学の基本定理によれば，複素数の範囲でなら n 次代数方程式は必ず解けるので，

$$\sum_{i=0}^{n} a_i t^{n-i} = \prod_{j=1}^{n} (\alpha_j t - \beta_j), \qquad (\alpha_j, \beta_j \in \mathbb{C}, j = 1, 2, \ldots, n)$$

のように一次式の積に因数分解される (ただし，いくつかの α_j は 0 かも知れないし，同じ因子がいくつも重複しているかも知れない．$\alpha_j = 0$ のときは $\beta_j = -1$ だと考える)．このとき，$t = X/Y$ とおくと

$$H(X, Y) = Y^n \sum_{i=1}^{n} a_i \left(\frac{X}{Y}\right)^{n-i} = Y^n \sum_{i=1}^{n} a_i t^{n-i}$$

[*1] ここに，環というのは，加法と乗法という 2 種類の演算が定義されていて，それらの間に分配法則など，自然な演算規則が約束された数学的対象のことを指す．多項式どうしの加法や乗法を通常のように定めるとき，決まった変数の多項式全体はこういう意味で環をなすから，多項式環と呼ぶのである (cf. [11])．

$$= Y^n \prod_{j=1}^{n} (\alpha_j t - \beta_j) = Y^n \prod_{j=1}^{n} \left(\alpha_j \frac{X}{Y} - \beta_j \right)$$
$$= \prod_{j=1}^{n} (\alpha_j X - \beta_j Y)$$

である．つまり，

> 複素数係数の 2 変数の斉次多項式は，斉次一次式の積に分解する．

もう 1 つ，断りなしによく使うのは，次の事実である．

> $f(x)$ が複素数を係数とする 2 次以上の多項式のとき，
> 　$x = \alpha$ は $f(x) = 0$ の重根（すなわち，$f(x)$ は $(x - \alpha)^2$ で割り切れる）
> $\Leftrightarrow f(\alpha) = f'(\alpha) = 0.$

その他に必要なのは，群や環の定義と準同型定理くらいである．これらを含む抽象代数学の基本事項は，[11]の初めの章に要領良くまとめられている．

第 4 章では，コーシーの積分表示や留数定理など，複素解析学の基礎が必要になる．馴染みがなければ，標準的な教科書を座右に置いて参照しながら読み進むとよい．ここでは[14], [5], [1], [8]を挙げておく．楕円関数については[3], [15], [9]など，たくさんの良書がある．適宜，参照されたい．

目　次

第3章　3次曲線　67

第4章　楕円関数と楕円曲線　93

第5章　平面曲線の局所構造　121

第0章 複素射影平面

0

「まえがき」でも述べたように，代数幾何学は大学へ入学する前に慣れ親しんだ解析幾何の延長線上にある．放物線と直線の交点を求めたり，接線を引いたりするのは，すでにお馴染みの作業であろう．しかし，大きく異なる点もある．そのうちで最も顕著なのは

(1) 数の範囲を実数に限定せずに，より広い複素数にする

(2) 曲線を描く場所は，2 直線が必ず交わるような閉じた平面にする

という 2 点であろう．どうしてわざわざそういう風にするのか，理由はもちろんある．ひと言でいえば「場合分けの煩雑さを軽減するため」なのだが，本章では，このことを（とりあえず厳密さは横において）なるべく直感的に把握できるような説明を試みよう．

0.1 なぜ複素数なのか

まず，どうして (1) のように複素数で考えるほうが好都合なのかを説明しよう．多変数の代数方程式を扱いたいので，一変数の代数方程式くらい解けないと困る．「代数学の基本定理」として知られているように，複素数の範囲で考えれば(理屈の上では)何次方程式でも必ず解けて，重複を考慮に入れれば次数と同じ個数の解が求められる．例えば

問

3 次方程式 $x^3 - 2x^2 - 2 - k = 0$ の根の個数を k の値によって分類せよ

という類の問題は，大学入試問題などでしばしば目にするが，これを実数の範囲で解くのはなかなか大変で，ふつうにやると $y = x^3 - 2x^2 - 2$ のグラフと x 軸に平行な直線 $y = k$ の交点の数を調べなければならない．交点の数は

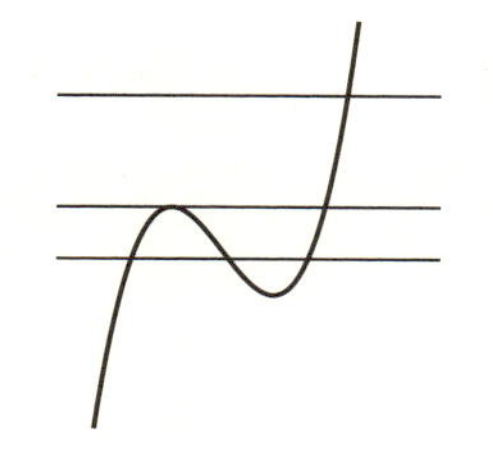

図 0.1　3 次関数と直線

k の値に応じて 1 個から 3 個まで変化するので，慎重に計算しないと間違えてしまう．しかし，複素数の範囲でならば答えはいつも (重複を許して) 3 であり，あえて計算するまでもない．

別の例として，xy 平面で 3 つの方程式

(a) $x^2+y^2-1=0$,　(b) $x^2+y^2=0$,

(c) $x^2+y^2+1=0$

が表す図形を考えてみよう．見かけはほとんど同じだが，それぞれが表す平面図形を実数の範囲で考えると，最初のものは円，次は原点だけ，最後は空集合，というように随分違ったものになる．

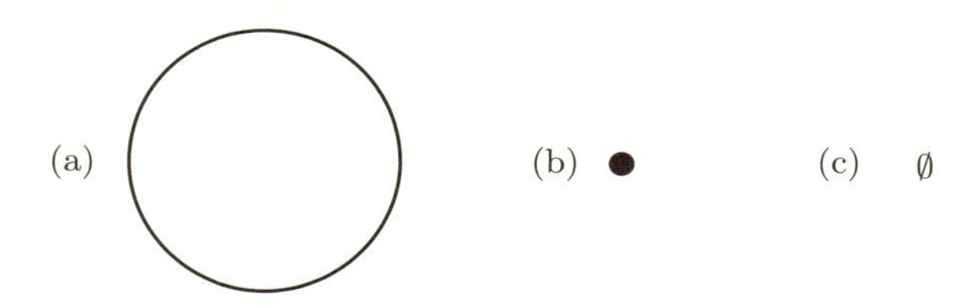

図 0.2　円，点，空集合

しかし，複素数で考えれば，これらはすべて「曲線」だと思えるのである．例えば，虚数単位 i ($\mathrm{i}^2=-1$) を用いれば，$x^2+y^2=(y+\mathrm{i}x)(y-\mathrm{i}x)$ のように因数分解されるので，$x^2+y^2=0$ は複素数の傾きをもった二直線 $y=\pm\mathrm{i}x$ の和集合だと考えることができる．また，$0\le\theta<2\pi$ のとき $(\mathrm{i}\cos\theta,\mathrm{i}\sin\theta)$ は $x^2+y^2+1=0$ をみたす「複素」点である．

0.2　2直線が必ず交わる平面

次に (2) はどうしてなのかを説明しよう．幾何学的な直感が働きやすいように，慣れ親しんだ実数の世界で話を進める．ただし，今度は図形を描く空間自体を取り換えるのだから，説明は少々長くなる．

xy 平面に 2 つ直線を引くとき，当然ながら次の 2 つの場合が生じる．

- 2 つの直線は 1 点で交わる

- 2 つの直線は平行で交わらない

もちろん後者は非常に特殊な状況なので，ふつうは前者になる．しかし，交わったり交わらなかったりするのではとても不便だから，必ず 1 点で交わるようにしたい．そこで，

> 2 直線が平行なときには，無限の彼方にある 1 点で交わっている

と考えることにしよう．つまり，無限の彼方にある点（以下，これを無限遠点という）を仮想的に考えて，これも仲間に加えるのである．こうすれば 2 つの直線は必ず交わるので，無駄に場合分けをする必要がなくなる．

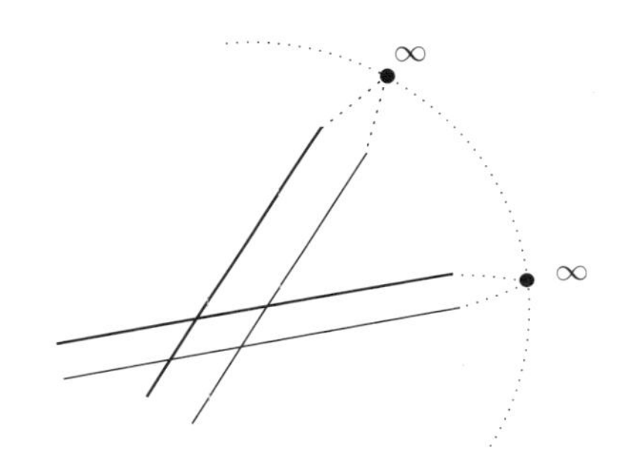

図 0.3　無限遠点

ただし，この「無限遠点」は 1 つではない．例えば，傾き 1 の直線と傾き 2 の直線をそれぞれ 2 本ずつ思い浮かべてみよう．すると，傾き 1 の直線たちが交わる無限遠点と，傾き 2 の直線たちが交わる無限遠点を想定できる．もしこれらが同じ点ならば，傾き 1 の直線と傾き 2 の直線を 1 本ずつ見ると，それらはその無限遠点および通常の意味での交点との 2 点で交わってしまうだろう．いくら無限遠点を考えると都合がよいからといって，こんなデタラメが許されてよいはずがない．そもそも，せっかく無限遠点をもちだしたにも関わらず，平行でない 2 直線は 2 点で交わり，平行な直線は 1 点で交わることになって，場合分けの煩雑さは全く解消されない．こういった不合理を回避するためには，直線の傾きの分だけたくさんの無限遠点を用意しなければならないのである．直線の傾きはどんな実数値でもとれるから，無限遠点は実数と同じくらいたくさんある．y 軸と平行な直線の傾きは無限大だと考えて，これも考慮に入れなければならない．また，傾きの値が近い 2 直線に対応する 2 つの無限遠点どうしは，やはり近くにあるだろう．こうして，無限遠点は全体として連

続曲線をなすことが想像される．座標原点に立って周囲を見渡せば，無限遠点の描く曲線が，あたかも地平線のように周りを取り囲み，はるか彼方に横たわっているのである．

では，いったいどのような閉じた空間ならばこのようなことが実現されるのか，また，そういう空間に曲線を描くことによって他にどういう利点があるのかを，例を通して説明しよう．まず，放物線 C： $y - x^2 = 0$ のグラフを xy 平面に書いておく．まことに天下り的だが，3つの変数 X, Y, Z を用意して，

$$x = \frac{X}{Z}, \quad y = \frac{Y}{Z}$$

とおく．すると C の式は $y - x^2 = Y/Z - (X/Z)^2$ となるが，どうせこれが0になっている点を考えるのだから，$Y/Z - (X/Z)^2 = 0$ の分母を払った $YZ - X^2 = 0$ という方程式をみたす点を考えることにする．つまり，空間図形

$$M = \{(X, Y, Z) \in \mathbb{R}^3 \mid YZ - X^2 = 0\}$$

である．M の様子を少し調べてみよう．$Z = 1$ とすると $x = X$, $y = Y$ なので，平面 $Z = 1$ による M の切り口として元の放物線 C が現れる．また，もし点 (a, b, c) が M 上にあれば $bc - a^2 = 0$ なので，任意の実数 t に対して $(tb)(tc) - (ta)^2 = t^2(bc - a^2) = 0$ となり，(ta, tb, tc) という座標の点も M 上にある．つまり，ある点が M 上にあれば，原点 $(0, 0, 0)$ とその点を結ぶ直線が完全に M に含まれてしまう．言い換えれば，平面 $Z = 1$ にある放物線 C 上の点と原点を結ぶ直線を全部集めてできる曲面が M である．式の分母を払ったせいで，M は C とは随分違った図形になってしまったが，互いの関係は明瞭である．

M を本来の放物線に近い形に直すためには，空間全体を平面 $Z = 1$ に向かってグシャっとつぶしてやればよさそうである．これを実現するために，先ほど述べた M の性質を逆手にとって，原点と点 $(a, b, c) \neq (0, 0, 0)$ を結ぶ直線上の点を，どの2つも区別しないでみな同じ点だと見なすことにしよう．ただし，原点 $(0, 0, 0)$ まで仲間に入れてしまうと，任意の点が原点と同じになってしまって具合が悪いので，原点だけは除外する．つまり $t \neq 0$, $(a, b, c) \neq (0, 0, 0)$ のとき

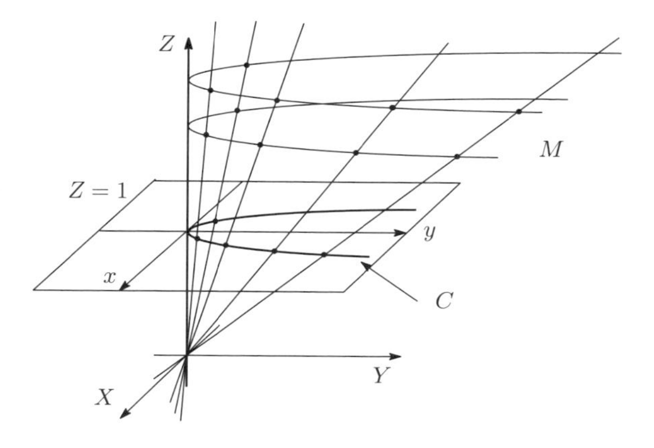

図 0.4　M のようす

> (ta, tb, tc) と (a, b, c) は同じ点だ

と思い込んでみよう．$c \neq 0$ のとき $t = 1/c$ とおけば (a, b, c) と $(a/c, b/c, 1)$ は同じ点を表すから，Z 座標が 0 でない点は平面 $Z = 1$ 上の点と同一視され，空間が（XY 平面を除いて）$Z = 1$ に向かってグシャっとつぶれた．このような見方で考えていることを強調するために，記号を変えて座標 (a, b, c) を $(a : b : c)$ のように成分の連比の形で書くことにする．$t \neq 0$ ならば $ta : tb : tc = a : b : c$ なので，連比を座標にすれば上の約束をうまく表現できるからである．連比を座標とする新しい空間を**実射影平面**[*1] と呼ぶ.「射影」というのは，原点に光源をおいて，図形を平面 $Z = 1$ というスクリーンに投影しているイメージである．座標関数 X, Y, Z の連比 $(X : Y : Z)$ を**斉次座標** (homogeneous coordinates) と呼ぶ．これに対して (x, y) は**非斉次座標** (inhomogeneous coordinates) と呼ばれる．M を実射影平面で考えたものを $\mathbf{M}$ と表す．すなわち，$\mathbf{M} = \{(X : Y : Z) \mid YZ - X^2 = 0\}$ である．

xy 平面の点 (x, y) を $(x : y : 1)$ と同一視すれば，放物線 C は本来の姿の

[*1]　今やったことは，原点でない 2 つの点 (a, b, c), (a', b', c') が同値であることを，ある 0 でない実数 t によって $a' = ta$, $b' = tb$, $c' = tc$ となることと定義し，空間 $\mathbb{R}^3$ から原点を除いたものをこの同値関係で割ったということである．商空間が実射影平面である．

まま復元され $\mathbf{M}$ の一部になっていることがわかる．実際，M 上の点で Z 座標が0でないものはすべて，こういう意味で C 上の点になっている．よって，$\mathbf{M}$ と C の違いは，M の $Z=0$ である部分から生じる．$Z=0$ は，$x=X/Z$, $y=Y/Z$ というおき方からわかるように，xy 平面から見た「無限の彼方」である．M を表す方程式 $YZ-X^2=0$ に $Z=0$ を代入してみると $X=0$ が得られるから，$\mathbf{M}$ 上にある無限遠点はただ1つで，その座標は $(0:1:0)$ であることがわかる（Y 座標は，先ほどの約束から0でなければ何でもいいのだが，わかりやすい1にした）．つまり，集合としては $\mathbf{M}=C\cup\{(0:1:0)\}$ である．

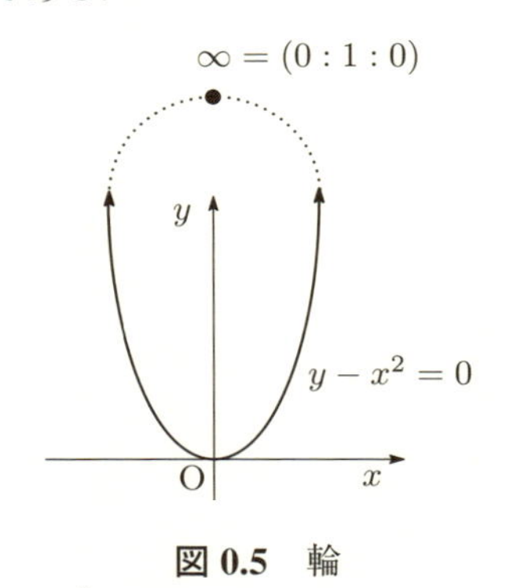

図 0.5　輪

$\mathbf{M}$ の本体である C 上の点の Z 座標はつねに1だが，付け加わった無限遠点のそれは0なので，Z 座標が1から0へ急にジャンプしている．そこで，もしかすると $\mathbf{M}$ はつながっていない（連続曲線でない）のではないか，という疑念が生じる．しかし，心配には及ばない．$\mathbf{M}$ はちゃんとつながっているのである．これを確かめておこう．放物線 $y=x^2$ 上の点は x 座標を指定すれば決まり (x,x^2) と書ける．これは実射影平面では点 $(x:x^2:1)$ に対応していて，斉次座標の約束から，$x\neq 0$ のときには $(1/x:1:1/x^2)$ と同じ点だった．ここで $|x|$ をどんどん大きくしていけば $(1/x:1:1/x^2)\to(0:1:0)$ となって，どんどん $\mathbf{M}$ 上の無限遠点 $(0:1:0)$ に近づいていく．したがって，$\mathbf{M}$ はちゃんとつながった図形なのである．また，ここまでくれば，$\mathbf{M}$ が輪のような形をしていることは想像に難くない（図0.5）．

さて，これまでにしてきたことを振り返ってみると，元の平面座標として $(x,y)=(X/Z,Y/Z)$ ではなく $(X/Y,Z/Y)$ を考えても全く同じ図形 $\mathbf{M}$ に到達できるはずだ，と気が付くだろう．例えば，$u=X/Y$, $v=Z/Y$ とおいてみると $YZ-X^2=Y^2(Z/Y-(X/Y)^2)=Y^2(v-u^2)$ と書き換えられるから，uv 平面の放物線 $v-u^2=0$ から始めても $\mathbf{M}$ に到達する．先と同様にすれば，$\mathbf{M}$ は放物線 $v-u^2=0$ に点 $(0:0:1)$ を付け加えたものであることがわかる．それでは，$(Y/X, Z/X)$ ではどうだろうか．$t = Y/X$, $s = Z/X$ とおくと $YZ - X^2 = X^2(ts - 1)$ なので，st 平面の双曲線 $st - 1 = 0$ からスタートすれば $\mathbf{M}$ に辿り着く．連立方程式 $X = YZ - X^2 = 0$ を解けば $(X, Y) = (0, 0)$, $(X, Z) = (0, 0)$ が得られ，対応する実射影空間の点は $(0 : 0 : 1)$ と $(0 : 1 : 0)$ である．これらが双曲線 $st = 1$ にとっての無限遠点であり，$\mathbf{M}$ からこれら 2 点を取り除いたものが双曲線に他ならない．最初から $\mathbf{M}$ の全体像を把握している人には，同じ図形 $\mathbf{M}$ のことを放物線だといったり，双曲線だといったりしているように見えて，さぞかし滑稽なことだろう.「たった 1 点や 2 点が見えないばかりに，全く同じ図形に違う名前をつけているなんて！」という具合に．

連比 $(a : b : c)$ を座標とする新しい空間（実射影平面）は，どうやら知っている平面（xy 平面，uv 平面，st 平面）を 3 つ貼り合わせて作ったもののようである．事実，u, v を x, y を用いて表すと $u = X/Y = (X/Z)(Z/Y) = x/y$, $v = Z/Y = 1/y$ となっているので，xy 平面と uv 平面を規則 $u = x/y$, $v = 1/y$ で貼り合わせている．同様に，xy 平面と st 平面は $s = 1/x$, $t = y/x$ で貼り合わせたことになる．uv 平面と st 平面の貼り合わせの規則は $s = v/u$, $t = 1/u$ なので，結局 3 つの平面が矛盾なく貼り合わされて，1 つの図形を形作っていることが了解されよう．無理やり座標軸の絵を描くと図 0.6 のようになる．

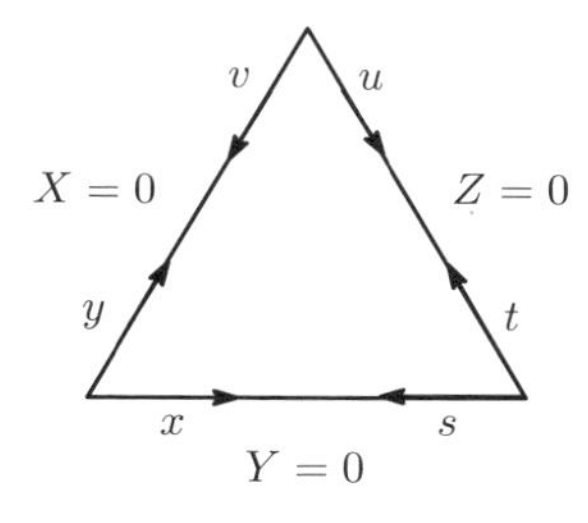

図 0.6　座標軸

向かい合った矢印の座標（例えば x, s）は，互いに逆数の関係にある．したがって，xy 平面からは，u 軸（t 軸）になっている直線が無限の彼方にあって見えない．uv 平面からは，x 軸（s 軸）になっている直線が無限の彼方にあって見えない．st 平面からは，y 軸(v 軸)になっている直線が無限の彼方にあって見えない．

$\mathbf{M}$ の形状を把握するために，もう1つ思考実験を行ってみよう．もとの放物線 $y-x^2=0$ を平行移動して $y-x^2-1=0$ を考える．平行移動しただけなので，図形の形は変わらないはずである．

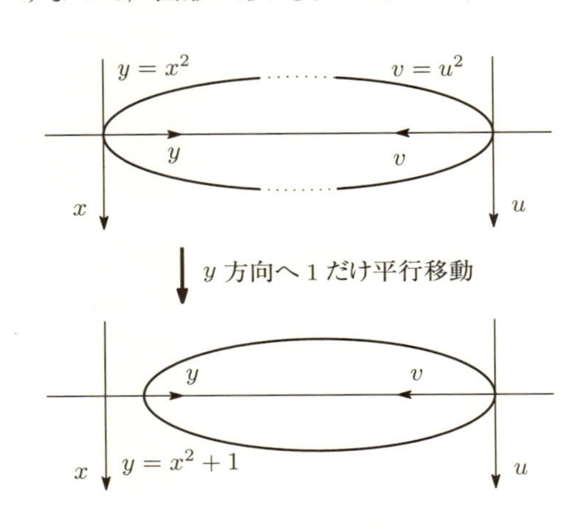

図 0.7　平行移動

$y=x^2+1$ に $x=X/Z$, $y=Y/Z$ を代入して分母を払えば，$YZ=X^2+Z^2$ となる．次に両辺を Y^2 で割れば $Z/Y=(X/Y)^2+(Z/Y)^2$ である．したがって，放物線 $y=x^2+1$ は，uv 座標では $v=u^2+v^2$ となり，これは円 $u^2+(v-1/2)^2=1/4$ である．uv 平面で放物線に見えていたものが，ほんの少し平行移動しただけで，円に見えるようになった(ちなみに $y=x^2+\epsilon$ $(\epsilon>0)$ ならば $\frac{u^2}{(2/\sqrt{\epsilon})^2}+\frac{(v-2/\epsilon)^2}{(2/\epsilon)^2}=1$ という楕円になる)．同様に，st 平面では $st=1+t^2$ となって双曲線 $s=t+1/t$ である．s 軸，t 軸を無視して平行移動 $y=x^2\to y=x^2+1$ のようすを描くと，図0.7のようになる．

図0.7の上図では，xy 平面で見ても uv 平面で見ても放物線 $y=x^2, v=u^2$ の上のほうは遠すぎて見えなくなっているが，少しずらした下の図なら，uv 平面からは曲線の全体像が観察でき，ちゃんと輪に見える．無限遠点が0個のときは楕円(円)，1個なら放物線，2個なら双曲線という具合に，結局，放物線，双曲線，楕円は見えている部分が違うだけで本当は同じものなのである．こうして無駄な分類をしなくてもよくなった．

ところで，われわれはもともと2つの直線が必ず1点で交わるような空間を探し求めていたのだった．実射影平面では2つの直線は本当に必ず1点で交わっているのだろうか？ このことを，真っ先に検証しなければいけなかった．

xy 平面で平行な 2 直線 $y = 2x$, $y = 2x+1$ を調べよう．方程式を X, Y, Z を用いて書き直すと，それぞれ $Y = 2X$, $Y = 2X+Z$ となるので，X, Y, Z に関する連立一次方程式だと思って解くと，λ を媒介変数として解 $X = \lambda$, $Y = 2\lambda$, $Z = 0$ が得られる．したがって，$(X:Y:Z) = (\lambda:2\lambda:0) = (1:2:0)$ となって，交点 $(1:2:0)$ が見つかった．同様にすると，傾き m の 2 直線の交点は $(1:m:0)$ であることがわかる．傾きが無限大，つまり y 軸に平行な 2 直線の交点は $(0:1:0)$ である（これらすべての Z 座標が 0 になっているのは必然である．xy 平面にとっては $Z = 0$ が無限の彼方だったのだから）．このように，無限遠点は「直線の傾き」の分だけ用意されていて，実射影平面において方程式 $Z = 0$ で定まる図形を形作っている．

0.3 放物線のかたち

章の冒頭で述べた (1) と (2) を同時に実現するためには，実射影平面を模した**複素射影平面** (complex projective plane) を導入すればよい．すなわち，少なくとも 1 つは 0 でないような複素数の 3 つ組 (a, b, c) と (a', b', c') に対して，ある零でない複素数 λ で $a' = \lambda a$, $b' = \lambda b$, $c' = \lambda c$ となるものが存在するとき，(a, b, c) と (a', b', c') を同一視して，複素射影平面を作る．これを記号 $\mathbb{P}^2$ で表そう．われわれが代数曲線という図形を観察する舞台がこうして整った．

最後に，数の範囲を実数に限定していたときには輪に見えた 2 次曲線が，複素数まで許した世界ではどんな形をしているのかを調べてみよう．もう一度見直せばわかるが，前節で実行した計算には数の範囲が実数であることは，実は，何も使っていない．したがって，x, y, X, Y, Z はもちろんのこと，直線の傾きに至るまでのすべてを複素数であると考えても，全く同じ結論に到達する．こういうことは，代数的に考えることの大きな利点である．複素射影平面 $\mathbb{P}^2$ には，xy 平面に相当する，2 つの複素数の組を座標とする空間 $\mathbb{C}^2$ が自然に含まれていて，$\mathbb{C}^2$ における直線の傾きに対応した無限遠点からなる集合がそれに付加されている．

さて，x や y が複素数であるとき，$\mathbb{C}^2$ において方程式 $y = x^2$ で定まる「複素」放物線を $\mathbb{P}^2$ で考えると，複素数 x には $(x : x^2 : 1)$ を，∞ には $(0:1:0)$

を対応させることによって1対1連続写像

$$(\text{複素平面 } \mathbb{C}) \bigcup \{\infty\} \to \{(X:Y:Z) \mid YZ = X^2\} \subset \mathbb{P}^2$$

が得られる．つまり，複素射影平面で見た放物線は，複素平面（ガウス平面）に1点を付け加えた図形と同じものなのである．

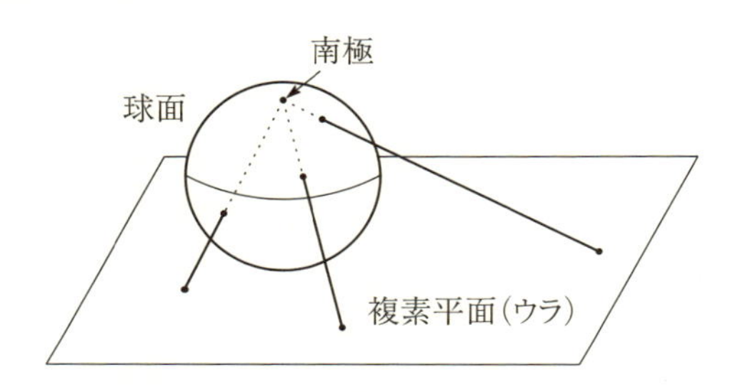

図 0.8　立体射影

一方，図0.8からもわかるように，北極で複素平面（ウラ）に接する球面において，南極から発せられる半直線と球面の交点に，複素平面との交点を対応させる立体射影によって，南極を除いた球面上の点と複素平面上の点が1対1に対応する（みかんの皮を剝いて平らに伸ばすことを想像せよ）．よって，複素平面に1点 ∞ を付け加えたものは，南極を ∞ に対応させることによって，球面と同一視できる．すなわち，

> 複素数で考えると2次曲線は，球面と同じ形をしている

という結論に達した．「曲線」なのに「面」とは奇妙な印象を受けるが，そもそも複素数は複素平面と対応して平面的な広がりをもつのだから，何も不思議はないのである．ところで，x 軸，すなわち直線 $y=0$ はどうなのだろう？射影平面では，この直線上の点は $(x:0:1)$ と表され，$|x| \to \infty$ のときは $(1:0:0)$ に近づく．つまり，複素数で考えれば，この直線は x を座標とする複素平面に1点を付け加えた図形になっているのである．よって，やはり球面と同じ形をしている．

不思議なことに，直線と2次曲線は全く同じ形をしていることがわかった．それでは，3次曲線，4次曲線 $\cdots$ というふうに，どんどん難しい曲線を考えていっても，やはり球面に見えるのかというと，実はそうではなくて，滑らかな 3 次曲線はドーナッツの表面のように見え，4 次曲線だと 3 人乗りの浮き輪のように見える．一般に，滑らかな d 次曲線は $(d-1)(d-2)/2$ 人乗りの浮き輪に見えることが知られている(cf. 定理 6.15).

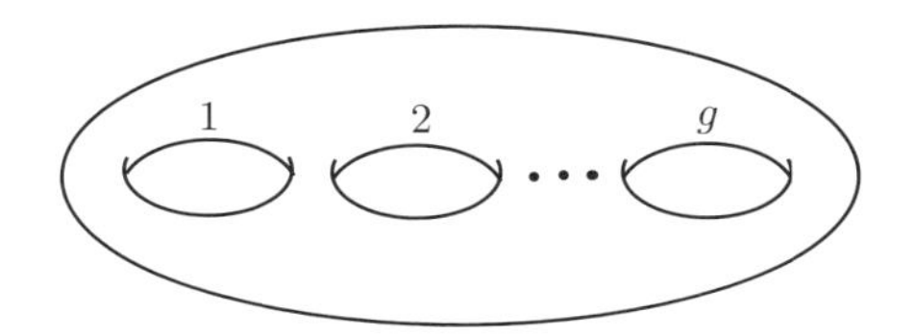

図 0.9　g 人乗りの浮き輪

章末問題

0.1.　3 次関数 $y = x^3$ のグラフの無限遠点は何点あるか調べよ．また，この曲線を uv 平面や st 平面で見たときの方程式をそれぞれ求めよ．

0.2.　双曲線 $\dfrac{x^2}{a^2} - \dfrac{y^2}{b^2} = 1$ $(a > 0,\ b > 0)$ の漸近線は，無限遠点における接線であることを確認せよ．

0.3.　2 つの同心円 $x^2 + y^2 = 1$ と $x^2 + y^2 = 2$ の複素射影平面における交点を求めよ．

第1章

直線と2次曲線

1

xy 平面における直線の方程式の一般形は $ax+by+c=0$ だった．実射影平面では $x=X/Z,\ y=Y/Z$ を代入し，分母を払った式 $aX+bY+cZ=0$，すなわち，3 変数斉次一次式で与えられる図形となる．われわれの考察の舞台は複素射影平面なので，係数 a,b,c は何も実数である必要はない．以下，すべて複素数の範囲で考えることにする．

この章では，直線と 2 次曲線の織りなす美しい射影幾何の定理を紹介し，多項式を用いた代数的証明を与える．

1.1 直　　線

$\mathbb{P}^2$ を複素射影平面とし，$(X:Y:Z)$ をその斉次座標とする．すなわち，2 点 (a,b,c)，$(a',b',c') \in \mathbb{C}^3 \setminus \{(0,0,0)\}$ は，$(a',b',c') = \lambda(a,b,c)$ となる零でない複素数 λ が存在するとき，そのときに限って同値であると定め，この同値関係による $\mathbb{C}^3 \setminus \{(0,0,0)\}$ の商集合を複素射影平面と呼び $\mathbb{P}^2$ で表す．また，$\mathbb{C}^3$ の座標 (X,Y,Z) についてその連比 $(X:Y:Z)$ を $\mathbb{P}^2$ 上の斉次座標と呼ぶ．2 点 (a,b,c)，(a',b',c') が上の意味で同値であることは，連比を用いれば $a:b:c = a':b':c'$ であることと解釈できる．したがって $(a:b:c)$ と $(a':b':c')$ は $\mathbb{P}^2$ の同じ点を表す．例えば $(1:2:3) = (3756:7512:11268) = (2+3\mathrm{i}:4+6\mathrm{i}:6+9\mathrm{i})$ である．

3 変数 X,Y,Z に関する複素数係数の斉次一次式 $\alpha X + \beta Y + \gamma Z$ について，その零点集合として定まる $\mathbb{P}^2$ 内の図形を**直線** (line) と呼ぶ．$(a,b,c) \in \mathbb{C}^3 \setminus \{(0,0,0)\}$ が $\alpha a + \beta b + \gamma c = 0$ を満たせば，零でないどんな複素数 λ に対しても $\alpha(\lambda a) + \beta(\lambda b) + \gamma(\lambda c) = \lambda(\alpha a + \beta b + \gamma c) = 0$ が成立するので，(a,b,c) と同じ $\mathbb{P}^2$ の点を与える任意の (a',b',c') について $\alpha a' + \beta b' + \gamma c' = 0$ が成り立つ．よって，$\mathbb{P}^2$ の部分集合 $\{(a:b:c) \mid \alpha a + \beta b + \gamma c = 0\}$ が矛盾

なく定まる．これが，直線に他ならない．

線形代数によれば，自明でない斉次一次方程式 $\alpha X+\beta Y+\gamma Z=0$ の解空間は，複素2次元のベクトル空間になる．その基底を (a_1,b_1,c_1), (a_2,b_2,c_2) とすれば，すべての解は複素数のパラメータ λ, μ によって $\lambda(a_1,b_1,c_1)+\mu(a_2,b_2,c_2)$ と一意的に表示される．したがって，自明解を与える $\lambda=\mu=0$ の場合を除いて，$(\lambda a_1+\mu a_2 : \lambda b_1+\mu b_2 : \lambda c_1+\mu c_2)$ は $\mathbb{P}^2$ における直線 $\alpha X+\beta Y+\gamma Z=0$ 上の点を表す．特に，この直線は異なる2点 $(a_1:b_1:c_1)$, $(a_2:b_2:c_2)$ を通る．

補題 1.1.　$\mathbb{P}^2$ 内の相異なる2点 $p=(a_1:b_1:c_1)$, $q=(a_2:b_2:c_2)$ を通る直線がただ1つ存在する．

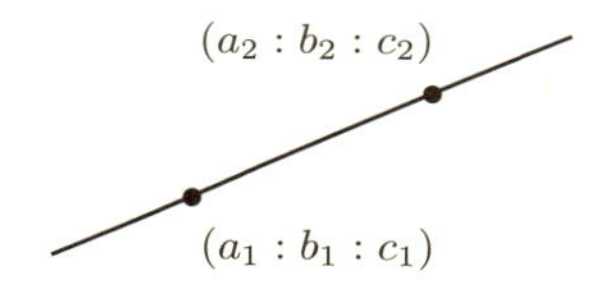

図 1.1　2点を通る直線

《証明》　α,β,γ を未定係数とする3変数斉次一次式 $L=\alpha X+\beta Y+\gamma Z$ を考える．直線 $L=0$ が p,q を通ることと次の斉次連立一次方程式が成り立つことは同値である．

$$\begin{cases} \alpha a_1+\beta b_1+\gamma c_1=0, \\ \alpha a_2+\beta b_2+\gamma c_2=0. \end{cases}$$

これを行列で表示すれば

$$\begin{pmatrix} a_1 & b_1 & c_1 \\ a_2 & b_2 & c_2 \end{pmatrix} \begin{pmatrix} \alpha \\ \beta \\ \gamma \end{pmatrix} = \begin{pmatrix} 0 \\ 0 \end{pmatrix}$$

となる．条件 $p\neq q$ は，上の行列表示において係数行列の2つの行が $\mathbb{C}$ 上一次独立であること，すなわち，係数行列の階数が2であることと同値である．したがって解空間の次元は $3-2=1$ だから，非自明な係数の組 (α,β,γ) が定数倍を除き確定する．実際，求める直線の方程式は

$$\begin{vmatrix} X & Y & Z \\ a_1 & b_1 & c_1 \\ a_2 & b_2 & c_2 \end{vmatrix} = 0 \quad \left(つまり \begin{vmatrix} b_1 & c_1 \\ b_2 & c_2 \end{vmatrix} X - \begin{vmatrix} a_1 & c_1 \\ a_2 & c_2 \end{vmatrix} Y + \begin{vmatrix} a_1 & b_1 \\ a_2 & b_2 \end{vmatrix} Z = 0 \right)$$

で与えられる. □

2 点 p, q を結ぶ直線を，しばしば $\overline{pq}$ のように表す.

補題 1.2. 相異なる 2 直線 $L_1 : \alpha_1 X + \beta_1 Y + \gamma_1 Z = 0$, $L_2 : \alpha_2 X + \beta_2 Y + \gamma_2 Z = 0$ はただ 1 点で交わる.

図 1.2 2 直線の交点

《証明》 斉次連立一次方程式

$$\begin{pmatrix} \alpha_1 & \beta_1 & \gamma_1 \\ \alpha_2 & \beta_2 & \gamma_2 \end{pmatrix} \begin{pmatrix} X \\ Y \\ Z \end{pmatrix} = \begin{pmatrix} 0 \\ 0 \end{pmatrix}$$

の非自明解が L_1 と L_2 の交点を与える．条件 $L_1 \neq L_2$ は，係数行列の階数が 2 であることと同値である．したがって，解空間の次元は 1 なので，定数倍を除き解が定まり射影平面の点が確定する．実際，求める交点は

$$\left(\begin{vmatrix} \beta_1 & \gamma_1 \\ \beta_2 & \gamma_2 \end{vmatrix} : - \begin{vmatrix} \alpha_1 & \gamma_1 \\ \alpha_2 & \gamma_2 \end{vmatrix} : \begin{vmatrix} \alpha_1 & \beta_1 \\ \alpha_2 & \beta_2 \end{vmatrix} \right)$$

である. □

上の 2 つの補題は，証明が酷似している．これは射影平面において点と直線が「双対」である，という事情を反映している．直線の方程式 $L : \alpha X + \beta Y + \gamma Z = 0$ の係数 α, β, γ のうち少なくとも 1 つは 0 でないから，$(\alpha : \beta : \gamma)$ は射影平面の点を表す．もとの射影平面と区別するために，こちらのほうは $\mathbb{P}^2_*$ と表すことにする．つまり $\mathbb{P}^2_*$ は $\mathbb{P}^2$ 内の直線全体を表す集合で，点 $(\alpha : \beta : \gamma) \in \mathbb{P}^2_*$

は $\mathbb{P}^2$ の直線 $\alpha X + \beta Y + \gamma Z = 0$ を表す点だと考えるのである．記号を乱用して $L \in \mathbb{P}^2_*$ と書くこともある．$\mathbb{P}^2_*$ を $\mathbb{P}^2$ の**双対平面** (dual projective plane) と呼ぶ．逆に，$\mathbb{P}^2_*$ の直線の方程式にその係数を対応させることによって $\mathbb{P}^2$ の点が定まり，そういう意味で $(\mathbb{P}^2_*)_* = \mathbb{P}^2$ である．

命題 1.3.　上で定めた対応によって，$\mathbb{P}^2$ の異なる2直線 $\alpha_1 X + \beta_1 Y + \gamma_1 Z = 0$, $\alpha_2 X + \beta_2 Y + \gamma_2 Z = 0$ の交点は，双対平面 $\mathbb{P}^2_*$ の異なる2点 $(\alpha_1 : \beta_1 : \gamma_1)$, $(\alpha_2 : \beta_2 : \gamma_2)$ を通る直線に対応する．

《証明》　2直線 $\alpha_1 X + \beta_1 Y + \gamma_1 Z = 0$, $\alpha_2 X + \beta_2 Y + \gamma_2 Z = 0$ の交点を $(a : b : c)$ とすると，$\alpha_1 a + \beta_1 b + \gamma_1 c = \alpha_2 a + \beta_2 b + \gamma_2 c = 0$ が成立する．$\mathbb{P}^2_*$ の斉次座標を $(X_* : Y_* : Z_*)$ で表して，直線 $aX_* + bY_* + cZ_* = 0$ を考えれば，上の条件は $\mathbb{P}^2_*$ の2点 $(\alpha_1 : \beta_1 : \gamma_1)$, $(\alpha_2 : \beta_2 : \gamma_2)$ がこの直線上にあることと同値である．□

▷ **定義 1.4.**　m を3以上の整数とする．$\mathbb{P}^2$ の異なる m 点が同一直線上にあるとき，これらの点は**共線** (collinear) であるという．異なる m 本の直線が同一の点で交わるとき，これらの直線は**共点** (concurrent) であるという．命題 1.3 によって，共線と共点は互いに双対な概念であることがわかる．

今後，X, Y, Z に関する斉次一次式と，その零点のなす集合として定まる $\mathbb{P}^2$ 内の直線を，区別せずに同じ記号で表す．よって，直線 L といえば，L は一次式でもある．

補題 1.5.　3点 $p_1, p_2, p_3 \in \mathbb{P}^2$ の斉次座標を $(a_i : b_i : c_i)$ とする $(i = 1, 2, 3)$. このとき p_1, p_2, p_3 が共線でない（同一直線上にない）ことと3つの数ベクトル

$$(a_1, b_1, c_1), \quad (a_2, b_2, c_2), \quad (a_3, b_3, c_3)$$

が一次独立であることは，同値である．

《証明》　対偶を示す．p_1, p_2, p_3 が直線 $\alpha X + \beta Y + \gamma Z$ 上にあることと $i = 1, 2, 3$ に対して $\alpha a_i + \beta b_i + \gamma c_i = 0$ が成り立つことは同値である．行列表示すれば

$$\begin{pmatrix} a_1 & b_1 & c_1 \\ a_2 & b_2 & c_2 \\ a_3 & b_3 & c_3 \end{pmatrix} \begin{pmatrix} \alpha \\ \beta \\ \gamma \end{pmatrix} = \begin{pmatrix} 0 \\ 0 \\ 0 \end{pmatrix}$$

となる．これを α, β, γ に関する斉次連立一次方程式と見立てたときに，${}^t(\alpha\ \beta\ \gamma)$ という非自明解が存在するための必要十分条件は，係数行列

$$\begin{pmatrix} a_1 & b_1 & c_1 \\ a_2 & b_2 & c_2 \\ a_3 & b_3 & c_3 \end{pmatrix}$$

の階数が 3 未満であることで，言い換えれば，3 つの行ベクトルが一次独立ではないことである．□

補題 1.6.　相異なる 2 つの直線 L_1, L_2 の交点 p を通る任意の直線 L_3 は，適当な定数 λ, μ によって $L_3 = \lambda L_1 - \mu L_2$ と表示できる．

《証明》　$p = (a : b : c)$ とおく．$i = 1, 2, 3$ に対して，$L_i = \alpha_i X + \beta_i Y + \gamma_i Z$ とおくと，各 L_i は p を通るので

$$\begin{pmatrix} \alpha_1 & \beta_1 & \gamma_1 \\ \alpha_2 & \beta_2 & \gamma_2 \\ \alpha_3 & \beta_3 & \gamma_3 \end{pmatrix} \begin{pmatrix} a \\ b \\ c \end{pmatrix} = \begin{pmatrix} 0 \\ 0 \\ 0 \end{pmatrix}$$

が成り立つ．$p \in \mathbb{P}^2$ より $(a, b, c) \neq (0, 0, 0)$ なので，斉次連立一次方程式は非自明解をもつ．したがって，係数行列である左辺の 3 次正方行列は正則ではなく，その 3 つの行ベクトルは一次独立ではない．一方，仮定より L_1 と L_2 は異なる直線なので，第 1 行と第 2 行は一次独立である．したがって，第 3 行は第 1 行と第 2 行の一次結合で表すことができる．つまり，$L_3 = \lambda L_1 - \mu L_2$ をみたす定数 $\lambda, \mu \in \mathbb{C}$ が存在する．□

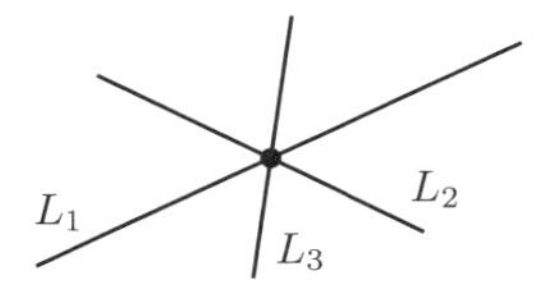

図 1.3　直線の束

このことを用いれば，有名なデザルグ (Desargue) の定理を示すことができる．

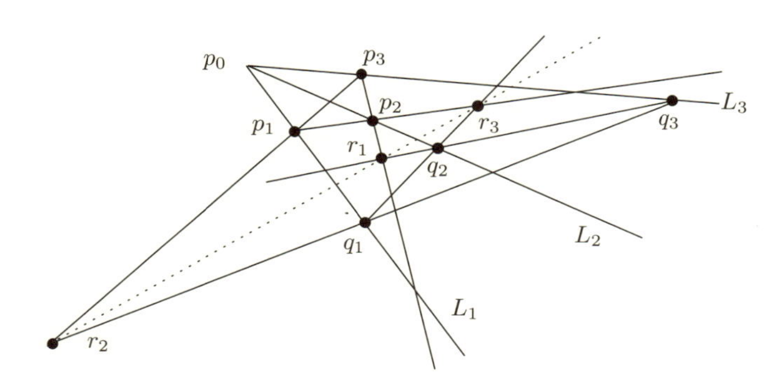

図 1.4　デザルグの定理

定理 1.7　**(デザルグ).**　定点 $p_0 \in \mathbb{P}^2$ を通る異なる3つの直線 L_1, L_2, L_3 を考える．各 L_i 上に p_0 とは異なる2点 p_i, q_i をとる．2直線 $\overline{p_ip_j}$, $\overline{q_iq_j}$ の交点を r_k とする ($\{i,j,k\} = \{1,2,3\}$)．このとき，3点 r_1, r_2, r_3 は同一直線上にある．

《証明》　以下，i, j, k は $1, 2, 3$ の並べ替えとする．

p_1, p_2, p_3 や q_1, q_2, q_3 が同一直線上にあれば主張は明らかなので，そうでないとしてよい．$i \neq j$ に対して，$\overline{p_ip_j}$ の方程式を $L_{ij} = 0$, q_iq_j の方程式を $M_{ij} = 0$ とする．ただし，$L_{ji} = L_{ij}$, $M_{ji} = M_{ij}$ と約束する．

固定した組 (i, j, k) に対して，次の操作を考える．L_{ij} と L_{ki} は p_i を通る2直線である．補題 1.6 より p_i を通る直線 L_i はこれらの一次結合で書き表すことができるから，それを $L_i = \lambda L_{ij} - \mu L_{ki}$ とする．L_i は L_{ij} とも L_{ki} とも異なるので，λ と μ はどちらも零でない．そこで，$(\mu/\lambda)L_{ki}$ を改めて L_{ki} と考えれば，L_i は $L_{ij} - L_{ki}$ の λ 倍となる．M_{ij} と M_{ki} は q_i を通る直線だから，L_i はこれらの一次結合として表示できるが，上と同様に L_i は $M_{ij} - M_{ki}$ の零でない定数倍であるとしてよい．

このようにして，まず $L_{12} - L_{31}$ と $M_{12} - M_{31}$ が L_1 と比例するように L_{12}, L_{31}, M_{12}, M_{31} を定め，次に $L_{31} - L_{23}$ と $M_{31} - M_{23}$ が L_3 と比例するように L_{23} と M_{23} を定める．ここで，$L_{23} - L_{12}$ を考えると，明らかに

p_2 を通る．また $L_{23} - L_{12} = (L_{23} - L_{31}) + (L_{31} - L_{12})$ と書きなおせばわかるように，L_1 と L_3 の交点である p_0 も通る．$\overline{p_0 p_2}$ は L_2 に他ならないので，$L_{23} - L_{12}$ は L_2 の定数倍である．同様に $M_{23} - M_{12}$ も L_2 の定数倍である．以上より，零でない定数 a_1, a_2, a_3 があって

$$\begin{cases} L_{12} - L_{31} = a_1(M_{12} - M_{31}) \\ L_{23} - L_{12} = a_2(M_{23} - M_{12}) \\ L_{31} - L_{23} = a_3(M_{31} - M_{23}) \end{cases}$$

が成り立つ．これを辺々加えれば

$$(a_1 - a_2)M_{12} + (a_2 - a_3)M_{23} + (a_3 - a_1)M_{31} = 0$$

が得られる．M_{12} は q_3 を通らないが，M_{23} と M_{31} は通るので，q_3 の座標を代入すれば $a_1 = a_2$ であることがわかる．同様に，q_1 や q_2 の座標を代入することにより，$a_2 = a_3$, $a_3 = a_1$ がわかる．ここで，$a = a_1 (= a_2 = a_3)$ とおけば，等式

$$L_{12} - aM_{12} = L_{23} - aM_{23} = L_{31} - aM_{31}$$

が得られる．L を $L_{12} - aM_{12} = 0$ で定義される直線とすれば，上の等式より L は r_1, r_2, r_3 を通ることがわかる． □

▷ **定義 1.8** （**射影変換**）． 3 次複素正則行列 P によって

$$\begin{pmatrix} X' & Y' & Z' \end{pmatrix} = \begin{pmatrix} X & Y & Z \end{pmatrix} P$$

と変換すれば $(X, Y, Z) \neq (0, 0, 0)$ であることと，$(X', Y', Z') \neq (0, 0, 0)$ であることは同値である．したがって $(X' : Y' : Z')$ も射影平面の斉次座標として採用できる．このように正則行列によって新しい斉次座標系を得る変換を**射影変換** (projective transformation) と呼ぶ.

以下において，単に座標変換あるいは変数変換といえば，このような射影変換をさす.

補題 1.9. 2 つの 3 次複素正則行列 P, P' が同じ射影変換を定めるための必要十分条件は，ある零でない定数 c が存在して $P' = cP$ となることである.

《証明》　斉次座標は成分の比だけが問題なので，c が非零定数のとき P と cP は同じ射影変換を定める．

P と P' が同じ射影変換を定めると仮定する．P, P' の第 j 行ベクトルをそれぞれ $\mathbf{p}_j$, $\mathbf{p}'_j$ とおく．P, P' が定める射影変換による任意の点 $(x:y:z)$ の像は同じなので，点 $(x:y:z)$ を決めるごとに，ある 0 でない $c\in\mathbb{C}$ があって $(x\ y\ z)P' = c(x\ y\ z)P$ が，すなわち

$$x\mathbf{p}'_1 + y\mathbf{p}'_2 + z\mathbf{p}'_3 = cx\mathbf{p}_1 + cy\mathbf{p}_2 + cz\mathbf{p}_3$$

が成り立つ．順次 $(x,y,z) = (1,0,0),(0,1,0),(0,0,1),(1,1,1)$ とすることによって，0 でない定数 c_1, c_2, c_3, c_4 によって $\mathbf{p}'_1 = c_1\mathbf{p}_1$, $\mathbf{p}'_2 = c_2\mathbf{p}_2$, $\mathbf{p}'_3 = c_3\mathbf{p}_3$, $\mathbf{p}'_1+\mathbf{p}'_2+\mathbf{p}'_3 = c_4(\mathbf{p}_1+\mathbf{p}_2+\mathbf{p}_3)$ が成立することがわかる．最初の3式を第4式に代入して，$(c_4-c_1)\mathbf{p}_1+(c_4-c_2)\mathbf{p}_2+(c_4-c_3)\mathbf{p}_3 = \mathbf{0}$ を得る．P は正則行列だから，行ベクトルは一次独立である．よって $c_1 = c_2 = c_3 = c_4$ であることが従うから，P' は P の零でない定数倍である．　□

命題 1.10.　3次複素正則行列 P で定まる射影変換 $(X'\ Y'\ Z') = (X\ Y\ Z)P$ は，多項式環の間の同型写像 $\varphi : \mathbb{C}[X,Y,Z] \to \mathbb{C}[X',Y',Z']$ を引き起こす．特に，射影変換によって直線は直線に写される．

《証明》　$(X\ Y\ Z) = (X'\ Y'\ Z')P^{-1}$ だから，P^{-1} の (i,j) 成分を p_{ij} とすると，

$$\begin{aligned} X &= p_{11}X' + p_{21}Y' + p_{31}Z', \\ Y &= p_{12}X' + p_{22}Y' + p_{32}Z', \\ Z &= p_{13}X' + p_{23}Y' + p_{33}Z' \end{aligned}$$

となる．そこで，$F(X,Y,Z)\in\mathbb{C}[X,Y,Z]$ に対して

$$\begin{aligned} &\varphi(F)(X',Y',Z') \\ &:= F(p_{11}X'+p_{21}Y'+p_{31}Z', p_{12}X'+p_{22}Y'+p_{32}Z', p_{13}X'+p_{23}Y'+p_{33}Z') \end{aligned}$$

とおけば，任意の $F, G\in\mathbb{C}[X,Y,Z]$ に対して

$$\varphi(F+G) = \varphi(F) + \varphi(G),$$

$$\varphi(FG) = \varphi(F)\varphi(G),$$
$$\varphi(1) = 1$$

が成立するから，φ は環の準同型写像である．逆行列 P^{-1} が逆写像 φ^{-1} を定めるので，φ は同型写像である．また，斉次 d 次式の像は明らかに斉次 d 次式である． □

補題 1.11.　どの 3 点も同一直線上にないような異なる 4 点 p_1, p_2, p_3, p_4 を，それぞれ $(1:0:0)$, $(0:1:0)$, $(0:0:1)$, $(1:1:1)$ に写すような座標変換が存在する．

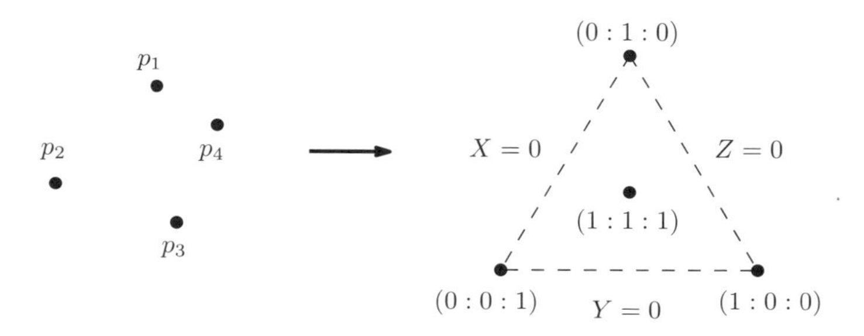

図 1.5　どの 3 点も共線でない 4 点

《証明》　$i \in \{1,2,3,4\}$ に対して $p_i = (a_i : b_i : c_i)$ とする．これらに対して 3 次元数ベクトル $\mathbf{p}_i = (a_i, b_i, c_i)$ を考える．どの 3 点も共線でないので，補題 1.5 より $\mathbf{p}_1, \mathbf{p}_2, \mathbf{p}_3$ は一次独立である．よって $\mathbf{p}_4$ はこれらの一次結合で表される．すなわちある複素数 d_1, d_2, d_3 によって $\mathbf{p}_4 = d_1\mathbf{p}_1 + d_2\mathbf{p}_2 + d_3\mathbf{p}_3$ と書ける．ここで，$\mathbf{p}_2, \mathbf{p}_3, \mathbf{p}_4$ は一次独立なので $d_1 \neq 0$ であることに注意する．同様に，d_2 や d_3 も 0 ではない．$d_1\mathbf{p}_1, d_2\mathbf{p}_2, d_3\mathbf{p}_3$ を行ベクトルとする 3 次正方行列を P とすると，これは正則行列で

$$d_1\mathbf{p}_1 = \begin{pmatrix}1 & 0 & 0\end{pmatrix}P, \quad d_2\mathbf{p}_2 = \begin{pmatrix}0 & 1 & 0\end{pmatrix}P,$$
$$d_3\mathbf{p}_3 = \begin{pmatrix}0 & 0 & 1\end{pmatrix}P, \quad \mathbf{p}_4 = \begin{pmatrix}1 & 1 & 1\end{pmatrix}P$$

をみたす．$d_i\mathbf{p}_i$ に対応する $\mathbb{P}^2$ の点は $(d_ia_i : d_ib_i : d_ic_i) = (a_i : b_i : c_i)$ なので，p_i に他ならない．したがって，P^{-1} を用いて座標変換すればよい． □

補題 1.12.　$\mathbb{P}^2$ の直線 L を直線 $Z=0$ に写し，L 上の異なる3点 p_1, p_2, p_3 をそれぞれ $(1:0:0)$, $(0:1:0)$, $(1:1:0)$ に写すような座標変換が存在する．

《証明》　L の方程式を $\alpha X+\beta Y+\gamma Z=0$ とおく．係数 α, β, γ のうち，どれかが0でないので，必要なら変数の入れ替えを行うことによって $\gamma \neq 0$ と仮定できる．このとき $(X, Y, Z) \mapsto (X', Y', Z') = (X, Y, \alpha X+\beta Y+\gamma Z)$ は正則行列

$$\begin{pmatrix} 1 & 0 & \alpha \\ 0 & 1 & \beta \\ 0 & 0 & \gamma \end{pmatrix}$$

が定める射影変換であり，L は $Z'=0$ に写る．この変換で p_1, p_2, p_3 が写った点をそれぞれ $q_1=(a_1:b_1:0)$, $q_2=(a_2:b_2:0)$, $q_3=(a_3:b_3:0)$ とする．補題 1.11 と同様に $\mathbf{q}_1=(a_1, b_1, 0)$, $\mathbf{q}_2=(a_2, b_2, 0)$, $\mathbf{q}_2=(a_3, b_3, 0)$ を考えると，どの2つも一次独立で，$\mathbf{q}_3=c_1\mathbf{q}_1+c_2\mathbf{q}_2$ と書けるから，$c_1\mathbf{q}_1, c_2\mathbf{q}_2$ および $(0,0,1)$ を行ベクトルとする3次正則行列の逆行列で変換すれば，

$$\mathbf{q}_1 \mapsto (1,0,0), \quad \mathbf{q}_2 \mapsto (0,1,0), \quad \mathbf{q}_3 \mapsto (1,1,0)$$

とできる．先の射影変換とこれを合成したのものが，求める射影変換である．□

補題 1.11 を双対平面に適用すれば，次のことがわかる．すなわち，

補題 1.13.　どの3つも共点でない4直線 L_i $(i=1,2,3,4)$ に対して，L_1 を $X=0$, L_2 を $Y=0$, L_3 を $Z=0$, L_4 を $X+Y+Z=0$ に写すような射影変換が存在する．

特に，異なる2直線をそれぞれ $X=0$, $Y=0$ に写す射影変換が存在する．

1.2　2次曲線

xy 平面において，2次曲線の方程式の一般形は，a, b, c, d, e, f を $(a, b, c) \neq (0,0,0)$ なる実数として

$$ax^2+2bxy+cy^2+dx+ey+f=0$$

で与えられる．$x = X/Z,\ y = Y/Z$ を代入して分母を払えば

$$aX^2 + 2bXY + cY^2 + dXZ + eYZ + fZ^2 = 0$$

となり，左辺は X, Y, Z の斉次二次式になる．そこで，直線の場合と同様に，零でない 3 変数の複素数係数斉次二次式

$$F(X,Y,Z) = a_{11}X^2 + 2a_{12}XY + 2a_{13}XZ + a_{22}Y^2 + 2a_{23}YZ + a_{33}Z^2 \tag{1.1}$$

の複素射影平面における零点集合

$$\mathsf{V}(F) := \{(a:b:c) \in \mathbb{P}^2 \mid F(a,b,c) = 0\}$$

を **2 次曲線**と呼ぶ．F が多項式として既約なとき，2 次曲線も既約であるという．F が可約ならば，$F = F_1F_2$ のように斉次一次式 F_1, F_2 の積になるから，$\mathsf{V}(F)$ は 2 本の直線 $F_1 = 0$ と $F_2 = 0$ の和集合である．ただし，F_2 が F_1 の定数倍のときには F は F_1^2 の定数倍になるので，直線 $F_1 = 0$ が 2 つ重なった「2 重直線」であると考えるほうが，直線 $F_1 = 0$ と 2 次曲線 $F_1^2 = 0$ を区別できて都合がよいし合理的である．

ほとんど明らかなことではあるが，まず次の事実を確認しておこう．

補題 1.14.　2 次曲線 $\mathsf{V}(F)$ が直線 L を含めば，二次式 F は一次式 L で割り切れる．

《証明》　あらかじめ適当な射影変換を施すことにより，$L = Z$ としてよい．すると仮定より，斉次座標が $(x:y:0)$ である点はすべて $\mathsf{V}(F)$ に含まれるから，$F(x,y,0) = 0$ が任意の $x, y \in \mathbb{C}$, $(x,y) \neq (0,0)$, について成立する．(1.1) より

$$F(x,y,0) = a_{11}x^2 + 2a_{12}xy + a_{22}y^2$$

なので，$(x,y) = (1,0), (0,1), (1,1)$ を順次代入すれば，$a_{11} = a_{12} = a_{22} = 0$ であることがわかる．すると，$F(X,Y,Z) = Z(2a_{13}X + 2a_{23}Y + a_{33}Z)$ となり，F は Z で割り切れる．　□

さて，(1.1) のような $F(X,Y,Z)$ に対して，その係数を利用して 3 次複素対称行列

$$Q_F = \begin{pmatrix} a_{11} & a_{12} & a_{13} \\ a_{12} & a_{22} & a_{23} \\ a_{13} & a_{23} & a_{33} \end{pmatrix} \tag{1.2}$$

を定めれば，

$$F(X, Y, Z) = \begin{pmatrix} X & Y & Z \end{pmatrix} Q_F \begin{pmatrix} X \\ Y \\ Z \end{pmatrix} \tag{1.3}$$

と表示される．このことからもわかる通り，斉次二次式 F と対称行列 Q_F は密接に関連しており，F や $\mathsf{V}(F)$ の特徴を Q_F の性質を用いて翻訳することができる．

命題 1.15.　斉次二次式 F が既約なことと，対応する対称行列 $Q_F = (a_{ij})$ が正則であることは同値である．

《証明》　F は可約だとして $F = L_1 L_2$, $L_i = \alpha_i X + \beta_i Y + \gamma_i Z$ $(i = 1, 2)$ とおく．このとき

$$\begin{aligned} F &= (\alpha_1 X + \beta_1 Y + \gamma_1 Z)(\alpha_2 X + \beta_2 Y + \gamma_2 Z) \\ &= \alpha_1\alpha_2 X^2 + (\alpha_1\beta_2 + \beta_1\alpha_2)XY + (\alpha_1\gamma_2 + \gamma_1\alpha_2)XZ \\ &\quad + \beta_1\beta_2 Y^2 + (\beta_1\gamma_2 + \gamma_1\beta_2)YZ + \gamma_1\gamma_2 Z^2 \end{aligned}$$

である．よって対応する対称行列は

$$Q_F = \begin{pmatrix} \alpha_1\alpha_2 & (\alpha_1\beta_2 + \beta_1\alpha_2)/2 & (\alpha_1\gamma_2 + \gamma_1\alpha_2)/2 \\ (\alpha_1\beta_2 + \beta_1\alpha_2)/2 & \beta_1\beta_2 & (\beta_1\gamma_2 + \gamma_1\beta_2)/2 \\ (\alpha_1\gamma_2 + \gamma_1\alpha_2)/2 & (\beta_1\gamma_2 + \gamma_1\beta_2)/2 & \gamma_1\gamma_2 \end{pmatrix}$$

だが，F_1 と F_2 の交点を $(a : b : c)$ とすれば $\alpha_1 a + \beta_1 b + \gamma_1 c = \alpha_2 a + \beta_2 b + \gamma_2 c = 0$ だから，容易な計算から $(a\ b\ c)Q_F = (0\ 0\ 0)$ となることがわかる．例えば，$(a\ b\ c)Q_F$ の第1成分は，

$$\begin{aligned} &\alpha_1\alpha_2 a + \frac{1}{2}(\alpha_1\beta_2 + \beta_1\alpha_2)b + \frac{1}{2}(\alpha_1\gamma_2 + \gamma_1\alpha_2) \\ &= \frac{\alpha_1}{2}(\alpha_2 a + \beta_2 b + \gamma_2 c) + \frac{\alpha_2}{2}(\alpha_1 a + \beta_1 b + \gamma_1 c) = 0 \end{aligned}$$

となるからである．よって，Q_F は正則ではない．

逆に，F に対応する複素対称行列 Q_F が正則でないとすれば，$(a\ b\ c)Q_F = (0\ 0\ 0)$ となる零でないベクトル $(a\ b\ c)$ が存在する．明らかに $F(a,b,c)=0$ なので $p=(a:b:c)\in\mathsf{V}(F)$ である．p と異なる点 $q=(a':b':c')\in\mathsf{V}(F)$ をとり，直線 $\overline{pq}$ 上の任意の点を $(x:y:z)$ とすれば，ある複素数 λ,μ があって

$$\begin{pmatrix} x & y & z \end{pmatrix} = \lambda\begin{pmatrix} a' & b' & c' \end{pmatrix} + \mu\begin{pmatrix} a & b & c \end{pmatrix}$$

と書ける．このとき $(a\ b\ c)Q_F = (0\ 0\ 0)$, $F(a',b',c')=0$ より

$$\begin{pmatrix} x & y & z \end{pmatrix} Q_F \begin{pmatrix} x \\ y \\ z \end{pmatrix} = \lambda^2 \begin{pmatrix} a' & b' & c' \end{pmatrix} Q_F \begin{pmatrix} a' \\ b' \\ c' \end{pmatrix} = 0$$

となる．すなわち，直線 $\overline{pq}$ 上の任意の点が $\mathsf{V}(F)$ に含まれることがわかった．したがって，補題 1.14 より F は $\overline{pq}$ を定める一次式で割り切れる．　□

系 1.16.　$\mathsf{V}(F)$ が異なる 2 直線の和集合であることと Q_F の階数が 2 であることは同値である．また，$\mathsf{V}(F)$ が 2 重直線であることと，Q_F の階数が 1 であることは同値である．

《証明》　補題 1.14 と命題 1.15 より，F は可約であると仮定できる．よって，ある一次式 L_1, L_2 を用いて $F = L_1L_2$ と書ける．

命題 1.15 の証明中の記号をそのまま用いる．適当な射影変換を施すことで，$L_1 = Z$ と仮定してよい．すると，$\alpha_1=\beta_1=0$, $\gamma_1=1$ なので

$$Q_F = \begin{pmatrix} 0 & 0 & \alpha_2/2 \\ 0 & 0 & \beta_2/2 \\ \alpha_2/2 & \beta_2/2 & \gamma_2 \end{pmatrix}$$

となる．L_1 と L_2 が異なる直線であることと $(\alpha_2,\beta_2)\neq(0,0)$ は同値である．上の表示から，これは Q_F の階数が 2 であることと同値である．

$(\alpha_2,\beta_2)=(0,0)$, すなわち $L_2=\gamma_2 Z\ (=\gamma_2 L_1)$ であれば，Q_F の階数は 1 であり，逆も正しい．　□

補題 1.17.　既約 2 次曲線 $\mathsf{V}(F)$ は，任意の直線 L と重複を許してちょうど 2 点で交わる．

《証明》　直線 L の方程式が $Z=0$ であるように座標変換を行う．F は既約なので，Z では割り切れないから，係数 a_{11}, a_{12}, a_{22} のうちどれかは0でない．すると L との交点は $F(X,Y,0)=a_{11}X^2+2a_{12}XY+a_{22}Y^2=0$ の解である．複素数係数の2変数斉次多項式は斉次一次式の積に分解するので，$F(X,Y,0)=(\alpha_1X-\beta_1Y)(\alpha_2X-\beta_2Y)$ と因数分解すれば $(\beta_1:\alpha_1:0)$, $(\beta_2:\alpha_2:0)$ が求める交点であることがわかる．いうまでもなく，これら2つが一致することもあり得る．　□

既約2次曲線 $\mathsf{V}(F)$ と直線 L が異なる2点で交わるとき，L を $\mathsf{V}(F)$ の**割線** (secant line) といい，1点でのみ交わるとき**接線** (tangent line) という．L が $\mathsf{V}(F)$ の接線であるときに，交点 $L\cap\mathsf{V}(F)$ を**接点**と呼ぶ．

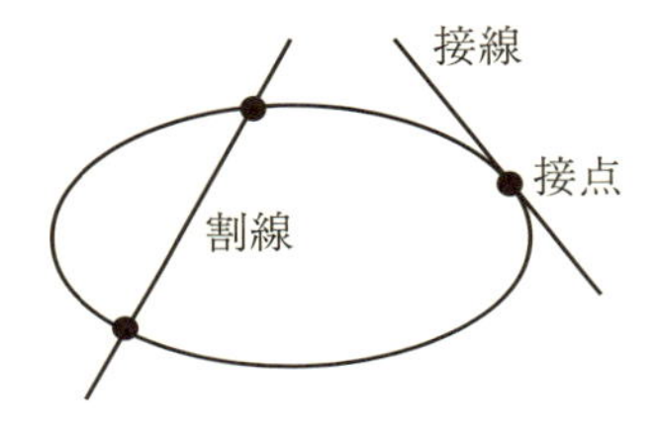

図 1.6　割線と接線

系 1.18.　2次曲線 $\mathsf{V}(F)$ が直線 L 上の異なる3点を含めば，$\mathsf{V}(F)$ は L を含む．特に F は可約である．

《証明》　補題1.17より F は可約であるから，ある直線 L_1, L_2 により $\mathsf{V}(F)=L_1\cup L_2$ となる．もし L が L_1, L_2 と異なる直線であれば，補題1.2より $L\cap L_1$, $L\cap L_2$ はそれぞれ1点からなるので，$\mathsf{V}(F)\cap L$ は重複度を許した2点となり，$\mathsf{V}(F)\cap L$ が少なくとも3点あることに矛盾する．よって L_1, L_2 のいずれか一方は L でなければならない．　□

命題 1.19　**(標準形)．**　適当な座標変換を施すと，0でない3変数二次斉次多項式 F は次の3つのうちのいずれかの形にできる．

$$(1)\ X^2,\qquad (2)\ X^2+Y^2,\qquad (3)\ X^2+Y^2+Z^2.$$

《証明》　斉次二次式 F に対応する対称行列 Q_F の階数によって分類する．

まず，Q_F の階数が1のときには，系1.16より $F=\lambda L^2$ となる一次式 L と定数 λ がある．$\alpha=\sqrt{\lambda}$, $L'=\alpha L$ とおけば $F=(L')^2$ である．適当な射影変換によって $L'=X$ とできるので，F は X^2 に写る．

次に Q_F の階数が2とする．このとき系1.16より，互いに他の定数倍でない一次式 L_1, L_2 によって $F=L_1L_2$ と書ける．補題1.13より $L_1=X$,

$L_2 = Y$ となるような射影変換があるので，最初から F は XY であるとしてよい．そこで $X = X' + \mathrm{i}Y'$, $Y = X' - \mathrm{i}Y'$, $Z = Z'$ とおけば，$(X')^2 + (Y')^2$ に標準化される．

Q_F の階数が 3 ならば，命題 1.15 より F は既約である．$\mathsf{V}(F)$ 上に相異なる 4 点をとると，系 1.18 より，このうちどの 3 点をとっても同一直線上にないことがわかる．したがって補題 1.11 より，それらを $(1:0:0)$, $(0:1:0)$, $(0:0:1)$, $(1:1:1)$ に写すような射影変換 P_1 がある．よって最初から $\mathsf{V}(F)$ はこれら 4 点を通るとしてよい．表示 (1.1) に各点の座標を代入すれば，これら 4 点を通る 2 次曲線の方程式は $a_{11} = a_{22} = a_{33} = a_{12} + a_{13} + a_{23} = 0$ をみたすことがわかり，$F = a_{12}XY + a_{23}YZ + a_{13}ZX$ となる．また，F は既約なので，$a_{12} \neq 0$, $a_{13} \neq 0$, $a_{23} = -(a_{12} + a_{13}) \neq 0$ でなければならない．このとき，

$$(X',\ Y',\ Z') = \left(X\sqrt{\frac{a_{12}a_{13}}{a_{23}}}, Y\sqrt{\frac{a_{12}a_{23}}{a_{13}}}, Z\sqrt{\frac{a_{13}a_{23}}{a_{12}}} \right)$$

とおけば，F は $X'Y' + Y'Z' + Z'X'$ に変換される．$X'Y' + Y'Z' + Z'X' = (X' + Z')(Y' + Z') - (Z')^2$ なので，$X' = X'' + \mathrm{i}Y'' - \mathrm{i}Z''$, $Y' = X'' - \mathrm{i}Y'' - \mathrm{i}Z''$, $Z' = \mathrm{i}Z''$ とおけば，$(X'')^2 + (Y'')^2 + (Z'')^2$ に変換される． □

命題 1.20. $\mathbb{P}^2$ 上に異なる 5 点 p_1, p_2, p_3, p_4, p_5 を任意に与えると，これらすべてを通るような 2 次曲線が存在する．5 点のうちの 4 点または 5 点が同一直線上にない限り，このような 2 次曲線はただ 1 つである．

《証明》 $p_i = (a_i : b_i : c_i)$ $(i = 1, 2, 3, 4, 5)$ とおくと $F(a_i, b_i, c_i) = 0$ である．これを F の係数 $a_{11}, a_{12}, a_{13}, a_{22}, a_{23}, a_{33}$ を未知数とする斉次連立一次方程式だと考える．すると未知数の数は 6 つで，方程式の数は 5 つなので，非自明解が存在する．したがって，それを係数とする 2 次曲線は与えられた 5 点を通る．

5 点のうち 3 点が同一直線上にあれば，系 1.18 より 2 次曲線は既約ではあり得ない．するとその 3 点を通る直線および残りの 2 点を通る直線の和集合が求める 2 次曲線であることは明らかである．4 点以上が同一直線上にあれば，もう一方の直線のとり方は無数にある．したがって，どの 3 点も同一直線上にないと仮定してよい．

補題 1.11 を用いて p_1, p_2, p_3, p_4 をそれぞれ $(1:0:0)$, $(0:1:0)$, $(0:0:1)$, $(1:1:1)$ に写す射影変換を施す．(1.1) 式によれば，これら4点を通る2次曲線の方程式は $a_{11} = a_{22} = a_{33} = a_{12} + a_{13} + a_{23} = 0$ をみたすので $F = a_{12}Y(X-Z) + a_{13}Z(X-Y)$ となる．p_5 の写った点を $(a:b:c)$ とおくと，$F(a,b,c) = 0$ なので，$a_{12}b(a-c) = a_{13}c(b-a)$ である．よって $c(b-a)$, $b(a-c)$ のどちらかが0でなければ，比 $a_{12} : a_{13}$ が確定し，したがって2次曲線が確定する．

$c(b-a) = b(a-c) = 0$ と仮定して矛盾を導く．もし $c = 0$ ならば $a = 0$ または $b = 0$ だから p_5 は $(0:1:0)$ または $(1:0:0)$ に写ったことになるが，それぞれ p_2, p_1 が写った点なので射影変換が1対1対応であることに矛盾する．$b = 0$ としても同様に矛盾が生じる．よって $b = a$ かつ $a = c$ だが，このときは p_5 が p_4 と同じく $(1:1:1)$ に写ったことになり，やはり矛盾である．以上より，比 $a_{12} : a_{13}$ が確定する．

こうして定まった2次曲線を初めに施した射影変換の逆変換を用いて戻してやれば，5点 p_1, p_2, p_3, p_4, p_5 を通る2次曲線が得られる．　□

命題 1.21.　直線を共有しない2つの異なる2次曲線 $\mathsf{V}(F)$, $\mathsf{V}(G)$ は重複を許した4点で交わる．

《証明》　$\mathsf{V}(F)$ または $\mathsf{V}(G)$ が可約ならば2直線からなるので，補題 1.17 より主張は明らかである．したがってどちらも既約であるとしてよい．F, G に対応する3次対称行列をそれぞれ Q_F, Q_G とする．t を複素数のパラメータとして $H_t(X,Y,Z) = F(X,Y,Z) + tG(X,Y,Z)$ とおけば，対応する対称行列は $Q_F + tQ_G$ となる．明らかに，$\mathsf{V}(H_t)$ は $\mathsf{V}(F)$ と $\mathsf{V}(G)$ のすべての交点を通る．さて，t に関する高々3次の方程式 $\det(Q_F + tQ_G) = 0$ の1つの根を α とすれば，命題 1.15 より $\mathsf{V}(H_\alpha)$ は既約ではないから，2本の直線 L_1, L_2 からなる．$\mathsf{V}(G)$ と L_i は重複を許した2点で交わっているから，$\mathsf{V}(G)$ と $\mathsf{V}(H_\alpha)$ は重複を許して4点で交わる．$F = H_\alpha - \alpha G$ なので，$\mathsf{V}(F)$ は $\mathsf{V}(G)$ と $\mathsf{V}(H_\alpha)$ の4交点すべてを通る．　□

命題 1.22.　$\mathsf{V}(F)$ を既約な2次曲線とし，対応する対称行列を Q_F とする．任意に点 $p = (a:b:c) \in \mathbb{P}^2$ をとり，

$$\mathsf{L}_p = \begin{pmatrix} a & b & c \end{pmatrix} Q_F \begin{pmatrix} X \\ Y \\ Z \end{pmatrix} \tag{1.4}$$

とおく．点 $p \in \mathsf{V}(F)$ のとき，p を接点とする $\mathsf{V}(F)$ の接線はただ 1 つ存在し，その方程式は $\mathsf{L}_p = 0$ である．$p \notin \mathsf{V}(F)$ ならば L_p は $\mathsf{V}(F)$ の割線であって，2 点 $\mathsf{L}_p \cap \mathsf{V}(F)$ における $\mathsf{V}(F)$ の 2 つの接線の交点は点 p である．

《証明》　まず，(1.3) と (1.4) より，$p \in \mathsf{V}(F)$ と $p \in \mathsf{L}_p$ は同値であることに注意する．

$p \in \mathsf{V}(F)$ のとき，L_p が p における $\mathsf{V}(F)$ の接線であることを示す．そうでないとしよう．すなわち L_p が p とは異なる点 $q = (a' : b' : c') \in \mathsf{V}(F)$ を通ると仮定する．このとき $F(a', b', c') = \mathsf{L}_p(a', b', c') = 0$ である．点 q についても直線 L_q を考えることができるが，Q_F は対称行列だから

$$\mathsf{L}_q(a, b, c) = \begin{pmatrix} a' & b' & c' \end{pmatrix} Q_F \begin{pmatrix} a \\ b \\ c \end{pmatrix} = \mathsf{L}_p(a', b', c') = 0$$

となり，$p \in \mathsf{L}_q$ であることがわかる．異なる 2 点 p, q を通る直線はただ 1 つしかないので，L_p と L_q は同じ直線でなければならない．よって一次式 L_p, L_q は高々定数倍の違いしかない．すなわち

$$\begin{pmatrix} a & b & c \end{pmatrix} Q_F \begin{pmatrix} X \\ Y \\ Z \end{pmatrix} = \lambda \begin{pmatrix} a' & b' & c' \end{pmatrix} Q_F \begin{pmatrix} X \\ Y \\ Z \end{pmatrix}$$

であるような，零でない定数 λ が存在する．両辺の X, Y, Z の係数を比較すると，$(a\ b\ c)Q_F = \lambda(a'\ b'\ c')Q_F$ が成立することがわかる．ところが，F は既約だから Q_F は正則行列である．したがって Q_F^{-1} を右から掛けて，$(a\ b\ c) = \lambda(a'\ b'\ c')$ を得る．これは $p = q$ であることを示しているので，矛盾である．以上より，L_p は p における $\mathsf{V}(F)$ の接線である．

次に $p \notin \mathsf{V}(F)$ とする．このとき $p \notin \mathsf{L}_p$ である．L_p と $\mathsf{V}(F)$ の交点を $q = (a' : b' : c')$ とおく．前半部分の証明から L_q は q における $\mathsf{V}(F)$ の接線

であるが，$0 = \mathsf{L}_p(a', b'c') = \mathsf{L}_q(a, b, c)$ なので，$p \in \mathsf{L}_q$ である．もし L_p と $\mathsf{V}(F)$ の交点が q しかなければ，L_p は q における $\mathsf{V}(F)$ の接線ということになる．すると L_p と L_q が同一の直線になることから，前半部分の証明と同様に $\mathsf{L}_p = \lambda \mathsf{L}_q$ をみたす定数 λ の存在から $q = p$ が結論され，矛盾が生じる．よって，L_p と $\mathsf{V}(F)$ の交点は2つある． □

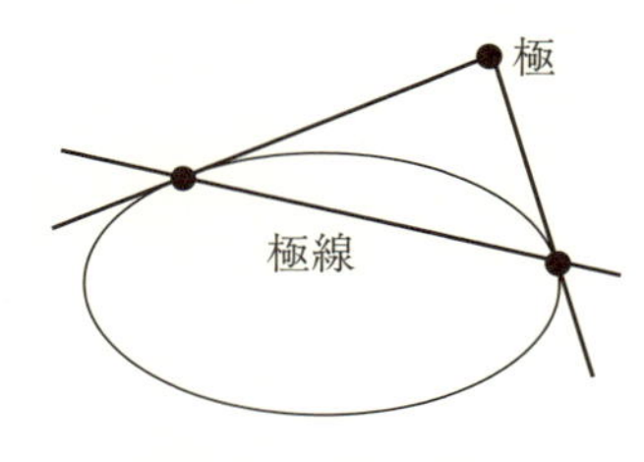

図 1.7　極線と極

既約な2次曲線 $\mathsf{V}(F)$ に対して，点 $p \notin \mathsf{V}(F)$ を通る2接線と $\mathsf{V}(F)$ の接点をそれぞれ q, r とするとき，直線 $\overline{qr}$ を点 p の $\mathsf{V}(F)$ に関する**極線** (polar) といい，逆に $\mathsf{V}(F)$ 上の異なる2点 q, r における $\mathsf{V}(F)$ の2接線の交点を割線 $\overline{qr}$ の**極** (pole) という．ただし，$p \in \mathsf{V}(F)$ のときには p における $\mathsf{V}(F)$ の接線を p の極線と見なし，$\mathsf{V}(F)$ の接線の極は接点であるとする．

これらの用語を用いれば，命題 1.22 およびその証明から直ちに次の2つの系が従う．

系 1.23.　既約2次曲線 $\mathsf{V}(F)$ に関する点 $p = (a : b : c)$ の極線の方程式は (1.4) の $\mathsf{L}_p = 0$ である．

系 1.24.　既約2次曲線 $\mathsf{V}(F)$ に関する点 p の極線上に点 q をとる．このとき，$\mathsf{V}(F)$ に関する q の極線は p を通る．

既約2次曲線 $C = \mathsf{V}(F)$ を固定して考える．$p \in \mathbb{P}^2$ にその極線 $\mathsf{L}_p \in \mathbb{P}^2_*$ を対応させることにより，写像 $\psi : \mathbb{P}^2 \to \mathbb{P}^2_*$ が得られるが，極線の方程式の形 (1.4) から，これは

$$(a\ b\ c) \mapsto (a\ b\ c)Q_F$$

で与えられる射影変換であり，$\psi(C)$ は，C の接線全体からなる集合を表す $\mathbb{P}^2_*$ 内の既約2次曲線である．$\psi(C)$ に関して，点に極線を対応させる写像 $\mathbb{P}^2_* \to (\mathbb{P}^2_*)_* = \mathbb{P}^2$ を同様に考えれば，これは ψ の逆写像である．

次は，ポンスレ (Poncelet) の双対原理として知られている．

双対原理

既約 2 次曲線が与えられたとき，それといくつかの直線，点に関する命題に対して，直線をその極に，点をその極線に読み換えて作った新しい命題を，もとの命題の**双対命題**と呼ぶ．このとき，元の命題が真ならば，双対命題も真であり，逆も正しい．

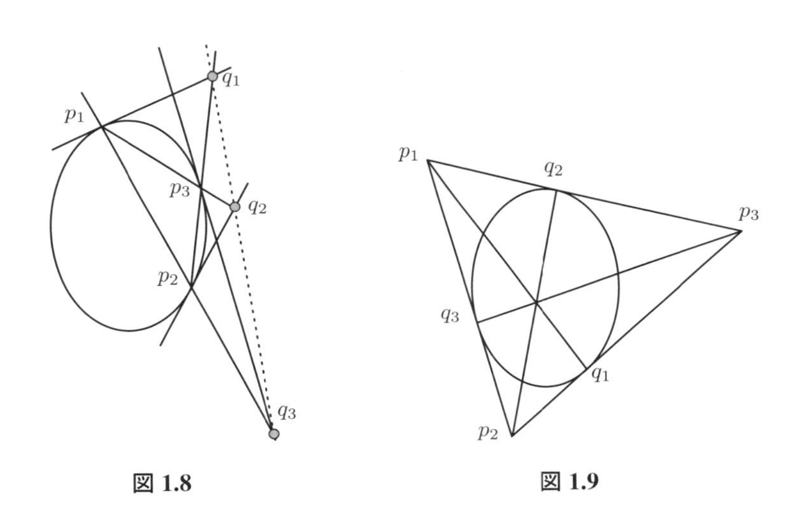

図 1.8　　**図 1.9**

例えば，命題「既約 2 次曲線上の異なる 3 点 p_1, p_2, p_3 における接線をそれぞれ L_1, L_2, L_3 とする．L_i と $\overline{p_j p_k}$ の交点を q_i とするとき $(\{i,j,k\} = \{1,2,3\})$，q_1, q_2, q_3 は同一直線上にある（図 1.8）」の双対命題は「三角形 $p_1p_2p_3$ が既約 2 次曲線に外接しているとき，辺 p_jp_k との接点を q_i とすると，3 直線 $\overline{p_1q_1}$，$\overline{p_2q_2}$，$\overline{p_3q_3}$ は 1 点で交わる（図 1.9）」である．

補題 1.25.　上の命題とその双対命題は真である．

《証明》　双対命題の方を示す．(1.4) より，2 点 p, q に対して $\mathsf{L}_p(q) = \mathsf{L}_q(p)$ が成立する．命題 1.22 より，$\{i,j,k\} = \{1,2,3\}$ に対して，L_{p_i} は $\overline{q_jq_k}$ を表す．よって補題 1.6 より，ある零でない複素数 λ_i があって $\mathsf{L}_{p_i} - \lambda_k\mathsf{L}_{p_j}$ は直線 $\overline{p_kq_k}$ を表す．これは p_k を通るから，

$$\mathsf{L}_{p_2}(p_1) = \lambda_1\mathsf{L}_{p_3}(p_1),\ \mathsf{L}_{p_3}(p_2) = \lambda_2\mathsf{L}_{p_1}(p_2),\ \mathsf{L}_{p_1}(p_3) = \lambda_3\mathsf{L}_{p_2}(p_3)$$

が成り立つ．このとき

$$\lambda_3 = \frac{\mathsf{L}_{p_1}(p_3)}{\mathsf{L}_{p_2}(p_3)} = \frac{\mathsf{L}_{p_3}(p_1)}{\mathsf{L}_{p_3}(p_2)} = \frac{\mathsf{L}_{p_2}(p_1)/\lambda_1}{\lambda_2\mathsf{L}_{p_1}(p_2)} = \frac{1}{\lambda_1\lambda_2}$$

なので，

$$\mathsf{L}_{p_2} - \lambda_1\mathsf{L}_{p_3} = \lambda_1\lambda_2(\lambda_3\mathsf{L}_{p_2} - \mathsf{L}_{p_1}) + \lambda_1(\lambda_2\mathsf{L}_{p_1} - \mathsf{L}_{p_3})$$

となる．よって $\overline{p_1q_1}$ は $\overline{p_2q_2}$ と $\overline{p_3q_3}$ の交点を通る．　□

既出のデザルグの定理と次に紹介するパスカル (Pascal) の定理は，射影幾何学の基本定理とされている．

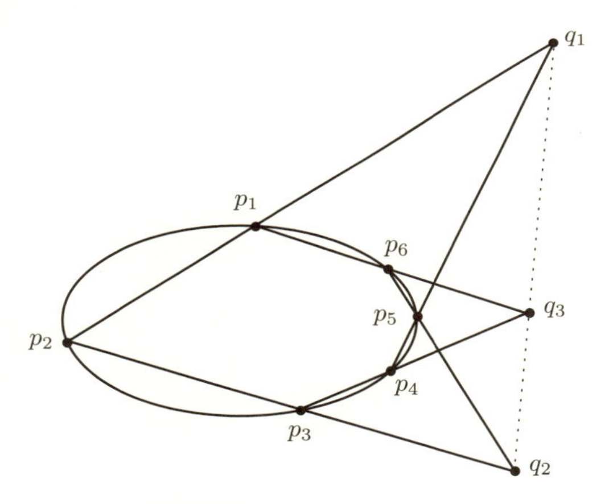

図 1.10　パスカルの定理

定理 1.26　**(パスカル)．**　既約2次曲線に内接する六角形の3組の対辺の交点は同一直線上にある．

《証明》　既約2次曲線 $C = \mathsf{V}(F)$ に内接する六角形の頂点を p_i $(1 \leq i \leq 6)$ とする．この6点からどのように3点を選んでも同一直線上にない．

直線 $\overline{p_1p_2}$ と $\overline{p_4p_5}$ の交点を q_1, $\overline{p_2p_3}$ と $\overline{p_5p_6}$ の交点を q_2, $\overline{p_3p_4}$ と $\overline{p_6p_1}$ の交点を q_3 とおく．直線 $\overline{p_ip_j}$ の方程式を $L_{ij} = 0$ としよう．もちろん L_{ij} は斉次一次式である．相異なる i, j, k に対して p_i, p_j, p_k は同一直線上にないから，$L_{ij}(p_k) \neq 0$ である．

a を未定係数として $L_{12}L_{34} - aL_{23}L_{14} = 0$ で定まる 2 次曲線を C' とする．容易にわかるように，これは点 p_1, p_2, p_3, p_4 を通る．これが p_5 を通るように a を調節する．つまり $a = L_{12}(p_5)L_{34}(p_5)/(L_{23}(p_5)L_{14}(p_5))$ とおく．命題 1.20 より，どの 4 点も同一直線上にないような相異なる 5 点を通る 2 次曲線はただ 1 つなので，このように a をとると $C' = C$ である．同様に $b = L_{45}(p_2)L_{16}(p_2)/(L_{56}(p_2)L_{14}(p_2))$ とおいて，$L_{45}L_{16} - bL_{56}L_{14} = 0$ で定まる 2 次曲線 C'' を考えれば，これは 5 点 p_1, p_2, p_4, p_5, p_6 を通るので，$C'' = C$ となる．したがって，2 つの二次式 $L_{12}L_{34} - aL_{23}L_{14}$ と $L_{45}L_{16} - bL_{56}L_{14}$ は定数倍の違いしかない．このとき例えば，L_{45} と L_{56} をその適当な定数倍で置き換えることによって，両者は一致していると仮定できる．すなわち $L_{12}L_{34} - aL_{23}L_{14} = L_{45}L_{16} - bL_{56}L_{14}$ とする．これを変形すれば

$$L_{12}L_{34} - L_{45}L_{16} = L_{14}(aL_{23} - bL_{56})$$

が得られる．2 次曲線 $D = L_{12}L_{34} - L_{45}L_{16}$ を考える．$L_{12}(p_1) = L_{16}(p_1) = 0$ かつ $L_{34}(p_4) = L_{45}(p_4) = 0$ だから，D は p_1, p_4 を通る．また，$L_{12}(q_1) = L_{45}(q_1) = 0$, $L_{34}(q_3) = L_{16}(q_3) = 0$ なので，q_1 と q_3 も通る．一方，上の恒等式から，D は $L_{14}(aL_{23} - bL_{56})$ で定義されているとも思えるので，D は可約で 2 直線 $L_{14} = 0$, $aL_{23} = bL_{56}$ の和集合である．点 q_1, q_3 は D 上にあるが，$L_{14} = 0$ 上にはないから，$aL_{23} = bL_{56}$ 上にある．また，$L_{23}(q_2) = L_{56}(q_2) = 0$ なので，この直線は q_2 も通っている．　□

パスカルの定理は，2 次曲線が異なる 2 つの直線である場合にも成立し，パップス (Pappus) の定理として知られている．証明は同様である．

定理 1.27　（パップス）．　異なる 2 直線 L, L' をとり，その交点を p_0 とする．L 上に p_0 とは異なる 3 点 p_1, p_5, p_3 をとり，L' 上にも p_0 と異なる 3 点 p_4, p_2, p_6 をとる．$\overline{p_1p_2}$ と $\overline{p_4p_5}$ の交点を q_1, $\overline{p_2p_3}$ と $\overline{p_5p_6}$ の交点を q_2, $\overline{p_3p_4}$ と $\overline{p_6p_1}$ の交点を q_3 とする．このとき q_1, q_2, q_3 は同一直線上にある．

パスカルの定理の双対命題は，次のブリアンション (Brianchon) の定理である．

定理 1.28　（ブリアンション）．　六角形 $p_1p_2p_3p_4p_5p_6$ が既約 2 次曲線に外接しているとき，対角線 $\overline{p_1p_4}$, $\overline{p_2p_5}$, $\overline{p_3p_6}$ は共点である．

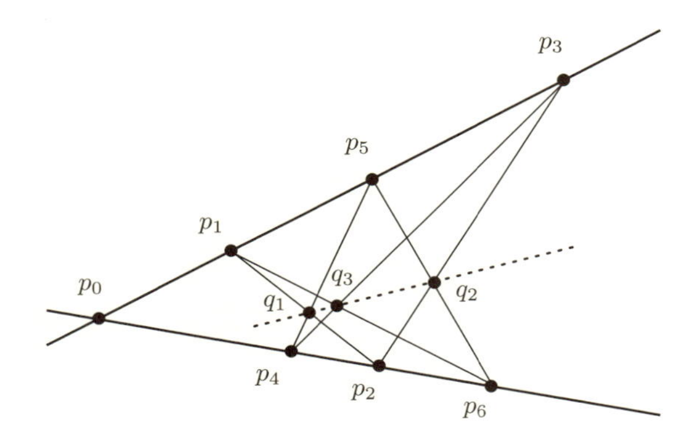

図 1.11　パップスの定理

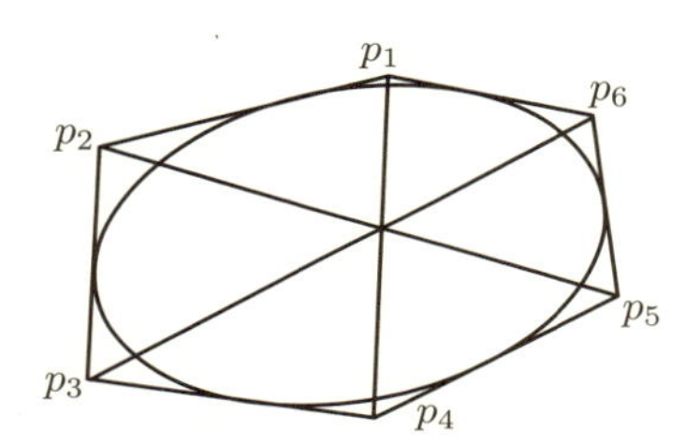

図 1.12　ブリアンションの定理

1.3　射影直線と既約2次曲線

射影平面を考えたときと同様に，$(a,b),(a',b') \in \mathbb{C}^2 \setminus \{(0,0)\}$ を，ある零でない $\lambda \in \mathbb{C}$ があって $a' = \lambda a$, $b' = \lambda b$ となるとき，そのときに限って同一視する．こうして得られた空間を $\mathbb{P}^1$ と書いて(複素)**射影直線** (projective line) と呼ぶ．$\mathbb{P}^2$ と同様に，この場合も $\mathbb{P}^1$ の点は比 $a:b$ にしか依存しない．そこで，比を座標と考えることにして，$(a:b)$ を $\mathbb{P}^1$ の斉次座標と呼ぶ．$b \neq 0$ ならば (a,b) と $(a/b,1)$ が同一視され，$b=0$ のときには $(a,0)$ と $(1,0)$ が同一視されている．したがって，$\mathbb{P}^1 = \{(t:1)|t \in \mathbb{C}\} \cup \{(1:0)\}$ である．$\{(t:1)|t \in \mathbb{C}\}$ の部分と $\mathbb{C}$ を $(t:1) \mapsto t$ で定まる全単射によって自然に同一視し，t を非斉次座標と呼ぶ．$(1:0)$ を ∞ と考えれば，$\mathbb{P}^1$ は(第1章で見たように)立体射影を通して球面と見なすことができる．こういう見方で見る

ときは，**リーマン球面** (Riemann sphere) という．

写像 $\varphi : \mathbb{P}^1 \to \mathbb{P}^2$ を $\varphi((U:V)) = (U:V:0)$ で定めると，これは明らかに単射で，像は直線 $Z=0$ である．一方，$\mathbb{P}^2$ の任意の直線は，適当な射影変換によって $Z=0$ に写すことができた(補題 1.12)．したがって，$\mathbb{P}^2$ の任意の直線は $\mathbb{P}^1$ と同一視される．

また，写像 $\psi : \mathbb{P}^1 \to \mathbb{P}^2$ を $\psi((U:V)) = (U^2:UV:V^2)$ によって定めると，$\psi(\mathbb{P}^1) \subset \mathsf{V}(Y^2-XZ)$ であることがわかる．まず，ψ が単射であることを見よう．$(U^2:UV:V^2) = (U_1^2:U_1V_1:V_1^2)$ ならば，零でない複素数 λ があって $U_1^2 = \lambda U^2$, $U_1V_1 = \lambda UV$, $V_1^2 = \lambda V^2$ が成り立つ．第 1 式と第 3 式から $U_1 = \pm\sqrt{\lambda}U$, $V_1 = \pm\sqrt{\lambda}V$ である．これらを第 2 式に代入すれば，複号同順でなければならないことがわかる．よって，$(U_1:V_1) = (U:V)$ であり，ψ は単射である．次に，ψ が全射であることを見よう．$(a:b:c) \in \mathsf{V}(Y^2-XZ)$ ならば $b^2 = ac$ であり，すなわち $b = \pm\sqrt{ac}$ である．よって $(u,v) = (\sqrt{a},\sqrt{c})$ または $(u,v) = (\sqrt{a},-\sqrt{c})$ のいずれか一方は $\psi((u:v)) = (a:b:c)$ をみたすから，ψ は全射である．以上より，$\psi(\mathbb{P}^1) = \mathsf{V}(Y^2-XZ)$ である．さて，

$$\operatorname{rank} Q_{(Y^2-XZ)} = \operatorname{rank} \begin{pmatrix} 0 & 0 & -1/2 \\ 0 & 1 & 0 \\ -1/2 & 0 & 0 \end{pmatrix} = 3$$

なので，$\mathsf{V}(Y^2-XZ)$ は既約 2 次曲線だが，命題 1.19 より，どの 2 つの既約 2 次曲線も射影変換で写り合うので，結局，任意の既約 2 次曲線は $\mathbb{P}^1$ と同一視できることがわかる．

$\mathbb{P}^1$ と直線や 2 次曲線との同一視を与える写像 $\mathbb{P}^1 \to \mathbb{P}^2$ は，$\mathbb{P}^2$ の射影変換との合成写像も含めて，座標成分が $\mathbb{P}^1$ の斉次座標 U, V の同じ次数の斉次多項式で記述されている．したがって，単なる全単射とは質が大きく異なることに注意したい．このような強い意味での同一視ができるときに，2 つの図形は代数曲線として同型であるという．

章末問題

1.1.　1点pを通る異なる3直線をL_1, L_2, L_3とする．このとき，点pを$(0:0:1)$に写し，L_1, L_2, L_3をそれぞれ$X=0$, $Y=0$, $X=Y$に写すような$\mathbb{P}^2$の射影変換が存在することを示せ．

1.2.　3直線$X=0$, $Y=0$, $Z=0$のすべてに接するような既約な2次曲線を求めよ．

1.3.　既約2次曲線上の異なる3点p_1, p_2, p_3における接線をそれぞれL_1, L_2, L_3とする．L_iと$\overline{p_j p_k}$の交点をq_iとするとき$(\{i,j,k\}=\{1,2,3\})$, q_1, q_2, q_3は同一直線上にあることを示せ．

1.4.　2次複素正則行列$\begin{pmatrix} a & c \\ b & d \end{pmatrix}$に対して

$$(X' \quad Y') = (X \quad Y)\begin{pmatrix} a & c \\ b & d \end{pmatrix} = (aX+bY \quad cX+dY)$$

で定まる$\mathbb{P}^1$からそれ自身への写像を，$\mathbb{P}^1$の射影変換という．

(1) $\mathbb{P}^1$上の異なる3点p_1, p_2, p_3をそれぞれ$(1:1)$, $(0:1)$, $(1:0)$に写すような射影変換$T:\mathbb{P}^1 \to \mathbb{P}^1$がただ1つ存在することを示し，$T$を非斉次座標で表現すれば，一次分数変換

$$T(z) = \frac{z_1 - z_3}{z_1 - z_2}\frac{z - z_2}{z - z_3}$$

に他ならないことを確認せよ．ただし，$z_i = x_i/y_i$は$p_i = (x_i : y_i)$の非斉次座標である．

このTを用いて，$p_0 = (x_0 : y_0) \in \mathbb{P}^1$に対して，

$$[p_0, p_1; p_2, p_3] := T(p_0) = (ax_0 + by_0 : cx_0 + dy_0) \text{ あるいは } \frac{ax_0 + by_0}{cx_0 + dy_0}$$

と定め，これをp_0, p_1, p_2, p_3の**複比** (cross ratio) という．

(2) 異なる4点の組(p_0, p_1, p_2, p_3), (q_0, q_1, q_2, q_3)に対して$A(p_i) = q_i$ $(0 \leq i \leq 3)$をみたす射影変換$A:\mathbb{P}^1 \to \mathbb{P}^1$が存在するための必要十分条件は，$[p_0, p_1; p_2, p_3] = [q_0, q_1; q_2, q_3]$であることを示せ．

第2章

射影平面曲線

2

直線と2次曲線のようすを知る上では，線形代数学がとても頼りになった．しかし，より大きな次数の平面代数曲線を調べるには，それだけでは不十分で少し準備が必要である．この章では，平面曲線の特異点や変曲点，2つの曲線の交わりに関する基本事項を整理する．中心的な定理の1つであるベズー (Bézout) の定理は，最後の節で証明する．

2.1 さまざまな高次曲線

xy 平面上の曲線でも3次以上となると，あまり馴染みがないかも知れない．そこでまず，古くから知られている曲線の美しい姿を眺めておくことにしよう．優雅な曲がり方はもちろんのこと，自分自身と交わっている点や尖っている点も曲線の特徴を際立たせている．

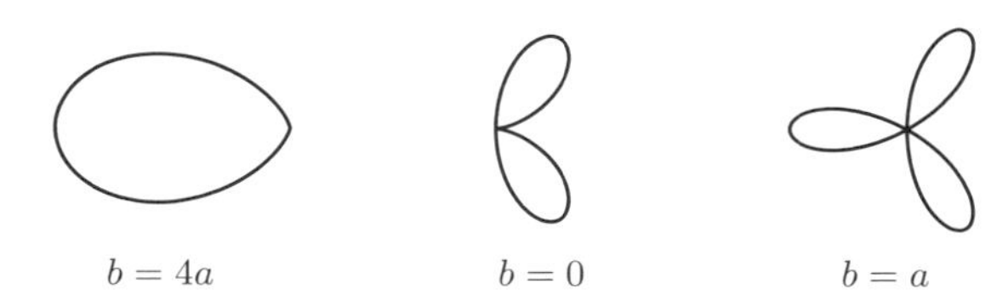

図 2.1 葉曲線：$(x^2 + y^2)(y^2 + x(x + b)) = 4axy^2$

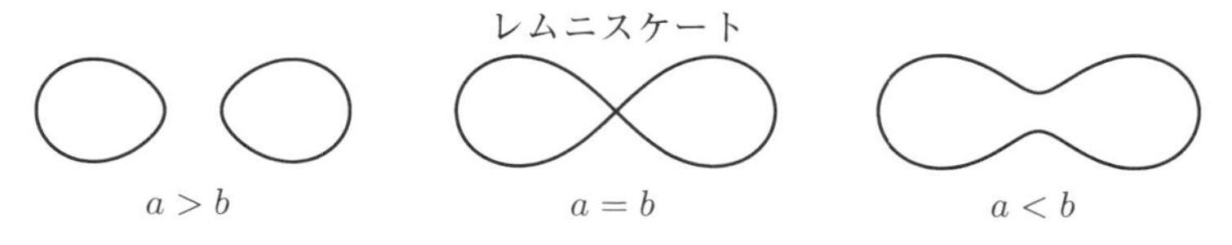

図 2.2 $(x^2 + y^2)^2 - 2a^2(x^2 - y^2) + a^4 - b^4 = 0$ $(a > b,\ a = b,\ a < b)$

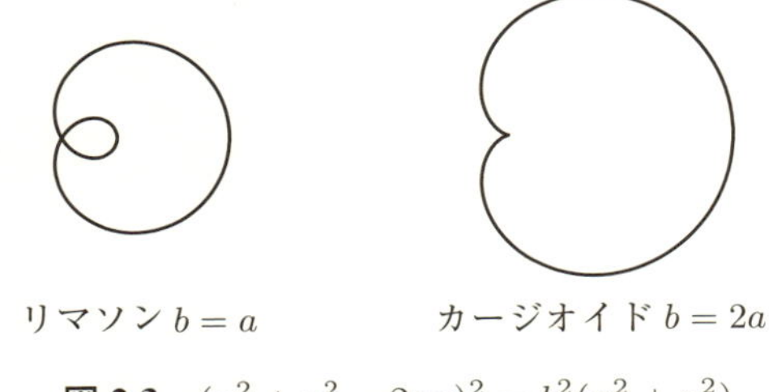

図 2.3　$(x^2 + y^2 - 2ax)^2 = b^2(x^2 + y^2)$

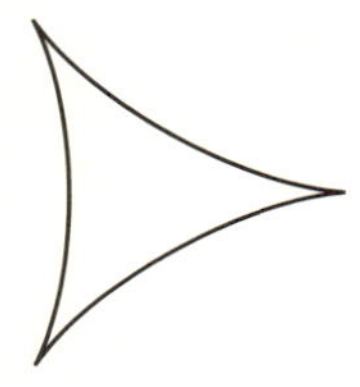

図 2.4　3 カスプ：$(x^2 + y^2 + 12ax + 9a^2)^2 = 4a(2x + 3)^2$

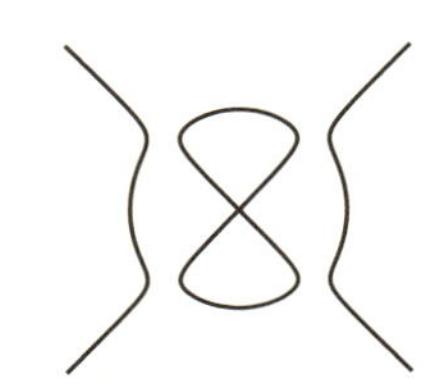

図 2.5　悪魔の曲線：$y^4 - x^4 + ay^2 + bx^2 = 0$

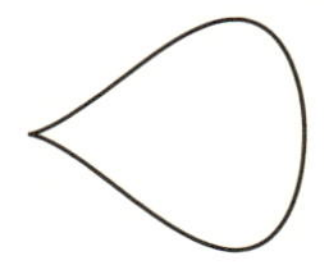

図 2.6　梨型 4 次曲線：$b^2y^2 = x^3(a - x)$

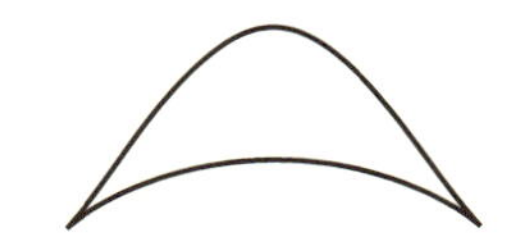

図 2.7　2 角曲線：$y^2(a^2 - x^2) = (x^2 + 2ay - a^2)^2$

図 2.8　$(x^2 + y^2 - 1)^3 = x^2y^3$

2.2　斉次多項式と射影平面曲線

3 つの変数 X, Y, Z に関する，複素数係数の多項式全体を $\mathbb{C}[X, Y, Z]$ と書く．$F \in \mathbb{C}[X, Y, Z]$ が**斉次多項式** (homogeneous polynomial) である

とは，F に対して定まる非負な整数 d があって，任意の複素数 λ について $F(\lambda X, \lambda Y, \lambda Z) = \lambda^d F(X, Y, Z)$ が成り立つことである．この d を F の**次数** (degree) といって $\deg(F)$ で表す．これは F を構成する単項式に現れる変数の冪の和が常に d であることと同じである．$\mathbb{C}[X, Y, Z]$ の n 次斉次多項式全体の集合 S_n は，$\mathbb{C}$ 上のベクトル空間をなし，n 次斉次単項式 $X^i Y^j Z^{n-i-j}$ $(i, j, n-i-j \geq 0)$ がそのひと組の基底を与える．S_0 は「定数項」からなり $\mathbb{C}$ 全体と同一視される．S_1 は X, Y, Z の一次結合全体であり，S_2 の元は $X^2, XY, XZ, Y^2, YZ, Z^2$ の一次結合である．特に，S_n の次元は

$$\dim S_n = \frac{1}{2}(n+1)(n+2) \tag{2.1}$$

で与えられる．

さて，零でない多項式 $F(X, Y, Z)$ について，それに現れる単項式は $X^i Y^j Z^k$ $(i, j, k \geq 0)$ の定数倍という形である．非負整数 n を任意に固定するとき，F に現れる単項式のうち冪の総和が $i + j + k = n$ をみたすものを全て足し上げてできる多項式を $F_n(X, Y, Z)$ と書くと，$F_n \in S_n$ である．F_n を，F の n **次斉次部分** (homogeneous part) と呼ぶ．冪の総和の最大値を N とすれば，$F = F_0 + F_1 + \cdots + F_N$ が成立する（ただし，ある $i < N$ に対しては $F_i = 0$ かも知れない）．こういう表示は明らかに一意的なので，多項式環は $\mathbb{C}$ ベクトル空間として

$$\mathbb{C}[X, Y, Z] = \bigoplus_{n=0}^{\infty} S_n$$

のように直和分解することがわかる．$F \in S_n, G \in S_m$ ならば，$FG \in S_{m+n}$ となる．

念のために，次を示しておく．

補題 2.1. 斉次多項式 F が，$F = GH$ のように 2 つの定数でない多項式 G, H の積となったとする．このとき，G も H も斉次多項式である．

《証明》 G の零でない斉次部分の次数の最小値を m_1, 最大値を n_1 とし，H の零でない斉次部分の次数の最小値を m_2, 最大値を n_2 とする．掛け算を実行すると，$GH = (G_{m_1} + \cdots + G_{n_1})(H_{m_2} + \cdots + H_{n_2}) = G_{m_1} H_{m_2} + \cdots + G_{n_1} H_{n_2}$ となる．よって現れる零でない斉次部分は，次数最小のものが $G_{m_1} H_{m_2}$ で

あり，最大のものは $G_{n_1}H_{n_2}$ である．一方，仮定より $GH = F$ は斉次式なので，その次数を n とすると，$n = m_1 + m_2$ かつ $n = n_1 + n_2$ でなければならない．定め方から $m_1 \leq n_1$ かつ $m_2 \leq n_2$ なので，結局，$m_1 = n_1$ と $m_2 = n_2$ が得られた．すなわち，G も H も斉次である．□

複素数係数の多項式についても，その偏微分は実係数の多項式と同様に計算される．微積分学の教科書にあるように，$F(X, Y, Z)$ の X に関する偏導関数を $\partial F/\partial X$ や F_X で表す．他の変数についても同様である．

補題 2.2　（オイラー (Euler) の等式）．　d 次斉次多項式 $F(X, Y, Z)$ に対して，次が成立する．

(1) 偏導関数 F_X, F_Y, F_Z は斉次 $d-1$ 次式であり，恒等式

$$XF_X + YF_Y + ZF_Z = dF$$

が成立する．

(2) F のヘッセ (Hesse) 行列

$$\mathrm{Hess}(F) = \begin{pmatrix} F_{XX} & F_{XY} & F_{XZ} \\ F_{XY} & F_{YY} & F_{YZ} \\ F_{XZ} & F_{YZ} & F_{ZZ} \end{pmatrix}$$

に対して，恒等式

$$\begin{pmatrix} X & Y & Z \end{pmatrix} \mathrm{Hess}(F) \begin{pmatrix} X \\ Y \\ Z \end{pmatrix} = d(d-1)F$$

が成立する．

《証明》　d 次斉次単項式 $X^iY^jZ^{d-i-j}$ を，順番に X, Y, Z で偏微分し1次の偏導関数を求めると，それぞれ $iX^{i-1}Y^jZ^{d-i-j}$, $jX^iY^{j-1}Z^{d-i-j}$, $(d-i-j)X^iY^jZ^{d-i-j-1}$ になる．どれも $d-1$ 次斉次式である．順番に X, Y, Z を掛けてから加えると，$iX^iY^jZ^{d-i-j} + jX^iY^jZ^{d-i-j} + (d-i-j)X^iY^jZ^{d-i-j} = dX^iY^jZ^{d-i-j}$ となる．よって，微分の線形性から (1) が従う．まず，$T = X, Y, Z$ のそれぞれに対して (1) で得た式の両辺を T で偏

微分してから，両辺に T を掛ける．次に，得られた 3 つの式を辺々加える．それに (1) を使えば，(2) が得られる．　$\square$

$d = 2$ のときは (1.3) より，$\mathrm{Hess}(F) = 2Q_F$ である．$d \geq 3$ の場合は $\mathrm{Hess}(F)$ の成分は $d-2$ 次斉次式である．

斉次多項式 F は連比の空間である射影平面と相性がよく，

$$\mathsf{V}(F) = \{(a:b:c) \in \mathbb{P}^2 \mid F(a,b,c) = 0\}$$

は，矛盾なく定義された $\mathbb{P}^2$ の部分集合である．なぜなら，$\deg F = d$, $F(a,b,c) = 0$ のとき，任意の 0 でない複素数 λ に対して $F(\lambda a, \lambda b, \lambda c) = \lambda^d F(a,b,c) = 0$ となるからである．斉次でないと，こううまくはいかない．

さて，$\Phi : \mathbb{P}^2 \to \mathbb{P}^2$ を射影変換とする．これは，適当な 3 次正則行列 P を用いて $(X'\ Y'\ Z') = (X\ Y\ Z)P$ と書けた．このとき，$(X\ Y\ Z) = (X'\ Y'\ Z')P^{-1}$ によって X, Y, Z のそれぞれは X', Y', Z' の一次結合で表される．これらを $F(X,Y,Z)$ に代入して X', Y', Z' の多項式だと見なしたものを ${}^{\Phi}F$ と書き，射影変換 Φ によって F は ${}^{\Phi}F$ に変換されるという．対応 $F \mapsto {}^{\Phi}F$ は，環同型写像 $\mathbb{C}[X,Y,Z] \to \mathbb{C}[X',Y',Z']$ を定める (cf. 命題 1.10)．また，明らかに斉次式の次数を保つ．すなわち，F が斉次 d 次式ならば，${}^{\Phi}F$ もそうである．さらに，容易に確かめられるように

$$\Phi(\mathsf{V}(F)) = \mathsf{V}({}^{\Phi}F)$$

が成り立つ．

どんな $\mathbb{C}$ 係数多項式も，定数倍と掛ける順番を除いて一意的に，$F = \prod_{i=1}^{N} F_i^{\mu_i}$ というふうに既約多項式 F_i の積に分解される．ここに，各 μ_i は正整数で，$i \neq j$ ならば F_i と F_j は互いに他の定数倍ではない．このとき F が斉次であることから (補題 2.1 より) F_i も斉次であって，$\deg F = \sum_{i=1}^{N} \mu_i \deg F_i$ および $\mathsf{V}(F) = \bigcup_{i=1}^{N} \mathsf{V}(F_i)$ が成り立つ．$\mathsf{V}(F_i)$ を $\mathsf{V}(F)$ の**既約成分** (irreducible component) といい，μ_i をその**重複度** (multiplicity) という．

λ が零でない定数ならば，明らかに $\mathsf{V}(\lambda F) = \mathsf{V}(F)$ が成立する．そこで，2 つの零でない d 次斉次多項式 $F, F' \in S_d$ に対して

$$F \sim F' \iff F' = \lambda F, \quad \exists \lambda \in \mathbb{C}, \lambda \neq 0.$$

によって関係 $\sim$ を定めれば，

（反射律） $F \sim F$,

（対称律） $F \sim G \Rightarrow G \sim F$,

（推移律） $F \sim G$ かつ $G \sim H \Rightarrow F \sim H$,

をみたすので，$\sim$ は同値関係である．この同値関係に関する同値類を d 次**射影平面曲線** (plane curve of degree d) と呼ぶ．単に平面曲線と呼ぶことも多い．つまり，既約成分の重複度込みで多項式 F の零点集合 $\mathsf{V}(F)$ を考えたものを(射影)平面曲線というのである．同値類を代表する多項式 F と混同して「平面曲線 F」ともいう．F が多項式として既約なとき，平面曲線 F は**既約** (irreducible) であるといい，そうでないとき**可約** (reducible) であるという．また，既約成分の重複度がすべて1であるとき，F は**被約** (reduced) であるという．$F = \prod_{i=1}^{N} F_i^{\mu_i}$ と既約分解しているとき，形式和

$$\mu_1 \mathsf{V}(F_1) + \cdots + \mu_N \mathsf{V}(F_N)$$

を平面曲線 F と同一視することもある．

2つの平面曲線(あるいは斉次多項式) F, G が**射影同値** (projectively equivalent) であるとは，ある射影変換 Φ があって，$G \sim {}^{\Phi}F$ となることをいう．射影同値なものを同一視する場合も多い．

2.3　特 異 点

斉次 d 次多項式 $F(X, Y, Z)$ が定める平面 d 次曲線を考える．

$p = (a : b : c) \in \mathbb{P}^2$ とする．a, b, c のうち，どれかは0ではないので，簡単のため $c \neq 0$ と仮定する．このとき $p = (a/c : b/c : 1)$ だから，最初から $p = (a : b : 1)$ の形だとしてよい．$f(x, y) = F(x, y, 1)$ とおけば，これは x, y に関して高々d 次の多項式である．x, y の多項式 $f(x + a, y + b)$ を

$$f(x + a, y + b) = f_0(x, y) + \cdots + f_i(x, y) + \cdots + f_d(x, y)$$

というふうに，斉次多項式の和で書く．各 $f_j(x, y)$ は $f(x + a, y + b)$ の j 次斉次部分である．ただし，ある $f_j(x, y)$ が恒等的に零の場合もある．すると

$$f(x,y) = f_0(x-a, y-b) + \cdots + f_i(x-a, y-b) + \cdots + f_d(x-a, y-b)$$

となるが，この式は $f(x,y)$ を点 (a,b) の周りにテーラー展開したものに他ならない．$j < m$ なら $f_j(x,y)$ が多項式として 0 であって，$f_m(x,y)$ は 0 でないとき(つまりテーラー展開が m 次の項から始まるとき)に平面曲線 F の p における**重複度**は m であるといい，記号では $\mathrm{mult}_p(F) = m$ と書く．もし，$m = 0$ すなわち定数項 $f_0(x,y) \neq 0$ なら，点 p は F 上になく，逆も正しい．また，$m = 1$ のとき，p を F の**単純点** (simple point) あるいは**非特異点** (non-singular point) と呼ぶ．$m \geq 2$ のとき，p を F の**特異点** (singular point) という．m の値を強調したいときには，m **重点** (m-ple point) と呼ぶ．特異点が 1 つもない曲線を**非特異平面曲線** (non-singular plane curve, smooth plane curve) という．

$\mathrm{mult}_p(F) = m > 0$ のとき，$f_m(x-a, x-b)$ は $x-a$ と $y-b$ に関する斉次 m 次式だから，斉次一次式の積に分解する．それら因子の一次式が定める $\mathbb{P}^2$ の直線たちを，p における F の**接線** (tangent line) という．すなわち $f_m(x-a, y-b) = \prod_{i=1}^{m}(\alpha_i(x-a) + \beta_i(y-b))$ のとき，$\alpha_i(X-aZ) + \beta_i(Y-bZ)$ $(1 \leq i \leq m)$ が p における F の接線である．もちろん，同じ直線が複数回現れることもある(注：$\alpha_i(x-a) + \beta_i(y-b) = 0$ は (a,b) における曲線 $f(x,y) = 0$ の接線の方程式である)．p が単純点ならば，接線はただ 1 つに定まる．これをしばしば T_pF と書く．特異点の場合には，一般には $\mathrm{mult}_p(F)$ 本の接線がある．特に 2 重点の場合，相異なる 2 本の接線がある場合には 2 重点 p は**結節点** (node) と呼ばれ，接線が(2 重のもの) 1 本しかなく，さらに $f_2(x-a, y-b)$ と $f_3(x-a, y-b) \neq 0$ が共通因子をもたない場合には**単純尖点** (simple cusp) という(図 2.9 参照)．

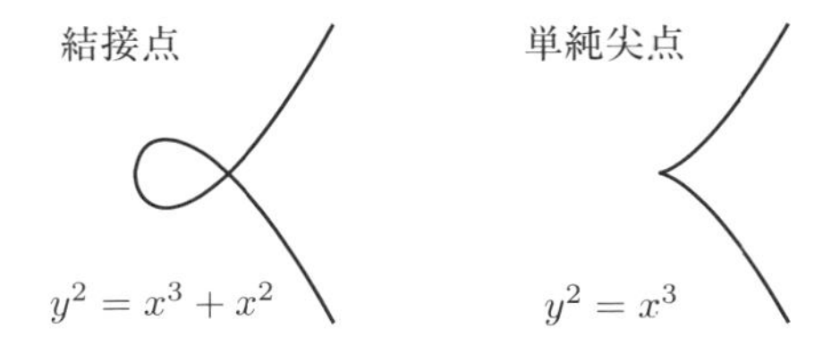

図 2.9 結節点 (node) と単純尖点 (simple cusp)

▷**例 2.3**　($y = x^d$ **のグラフ**)．　$d \geq 2$ とし，$F(X,Y,Z) = YZ^{d-1} - X^d$，$p \in F$ とする．p の Z 座標が 0 でなければ，$p = (a : a^d : 1)$ とおける．$f(x,y) = F(x,y,1) = y - x^d$ なので，$f(x+a, y+a^d) = (y+a^d) - (x+a)^d$ であり，これの j 次斉次部分 $f_j(x,y)$ を考えると，$f_0(x,y) = 0$ だが $f_1(x,y) = y - da^{d-1}x$ は多項式として零でないので，p は F の単純点である．また，p における F の接線の方程式は $f_1(x-a, y-a^d) = (y-a^d) - da^{d-1}(x-a) = 0$，すなわち $Y - a^dZ = da^{d-1}(X - aZ)$ で与えられる．次に p の Z 座標が 0 のときを考える．$F(X,Y,0) = -X^d$ なので，$Z = 0$ をみたす F の点は $(0:1:0)$ のみであって，$g(x,z) = F(x,1,z) = z^{d-1} - x^d$ は $(x,z) = (0,0)$ の周りのテーラー展開である．よって $d \geq 3$ ならば $(0:1:0)$ は F の特異点 ($d-1$ 重点) であり，$d = 2$ ならば単純点である．$(0:1:0)$ における F の接線は，$Z = 0$ が $d-1$ 重になっている．以上より，$d = 2$ ならば F は非特異曲線だが，$d \geq 3$ のときはそうではない．

補題 2.4.　F を d 次平面曲線とする．点 $p = (a:b:c) \in F$ が特異点であるための必要十分条件は

$$F_X(a,b,c) = F_Y(a,b,c) = F_Z(a,b,c) = 0$$

である．また，$p = (a,b,c)$ が F の単純点のとき，p における F の接線 T_pF は

$$F_X(a,b,c)X + F_Y(a,b,c)Y + F_Z(a,b,c)Z = 0$$

である．

《証明》　a,b,c のうち，少なくとも 1 つは零でない．必要ならば X,Y,Z を入れ替える座標変換を施すことで，$c \neq 0$ と仮定してよい．このとき $(a:b:c) = (a/c : b/c : 1)$ である．$a' = a/c, b' = b/c$，$f(x,y) = F(x,y,1)$ とおく．$F(X,Y,Z) = Z^dF(X/Z, Y/Z, 1) = Z^df(X/Z, Y/Z)$ である．よって，合成関数の微分を用いれば

$$\begin{aligned}
F_X &= Z^d f_x \frac{\partial x}{\partial X} = Z^{d-1} f_x, \\
F_Y &= Z^{d-1} f_x, \\
F_Z &= dZ^{d-1} f + Z^d \left(f_x \left(-\frac{X}{Z^2} \right) + f_y \left(-\frac{Y}{Z^2} \right) \right)
\end{aligned}$$

$$= dZ^{d-1}f - Z^{d-2}(Xf_x + Yf_y)$$

となる．一方，$f(x,y) = f_0(x-a', y-b') + \cdots + f_d(x-a', y-b')$ のように展開したとき，$f_0(x-a', y-b') = f(a', b')$,

$$f_1(x-a', y-b') = f_x(a', b')(x-a') + f_y(a', b')(y-b')$$

だから，点 (a', b') が特異点であるための必要十分条件は $f(a', b') = f_x(a', b') = f_y(a', b') = 0$ となる．上で計算した関係式より，これは $F_X(a', b', 1) = F_Y(a', b', 1) = F_Z(a', b', 1) = 0$ と同値である．F は斉次なので，その偏導関数も斉次だから，$a' = a/c$, $b' = b/c$ より $F_X(a,b,c) = F_Y(a,b,c) = F_Z(a,b,c) = 0$ とも同値である．

$p \in F$ が単純点だとすれば，上の $f_1(x-a', y-b')$ の表示より，接線は $f_x(a', b')(X - a'Z) + f_y(a', b')(Y - b'Z)$ である．上で示した F の偏導関数と f の偏導関数の関係を用いて書きなおせば

$$\begin{aligned} & F_X(a', b', 1)(X - a'Z) + F_Y(a', b', 1)(Y - bZ) \\ =& F_X(a', b', 1)X + F_Y(a', b', 1)Y - (a'F_X(a', b', 1) + b'F_Y(a', b', 1))Z \end{aligned}$$

となる．$F(a', b', 1) = 0$ とオイラーの等式（補題 2.2）より，これは

$$F_X(a', b', 1)X + F_Y(a', b', 1)Y + F_Z(a', b', 1)Z$$

に等しい．これに c^{d-1} を掛けると，$F_X(a,b,c)X + F_Y(a,b,c)Y + F_Z(a,b,c)Z$ となる． □

▷**例 2.5.** α を定数とし，$F(X,Y,Z) = Y^2Z - X^3 - \alpha X^2 Z$ とおく．すると，

$$F_X = -3X^2 - 2\alpha XZ,\ F_Y = 2YZ,\ F_Z = Y^2 - \alpha X^2$$

である．これらがすべて零になる点が F の特異点である．まず $F_Y = 0$ より $Y = 0$ または $Z = 0$ を得る．もし $Z = 0$ ならば，$F_X = 0$ より $X = 0$ だが，$F_Z = 0$ から $Y = 0$ となる．$X = Y = Z = 0$ は射影平面の点を定めないので不適である．もし $Y = 0$ ならば，$F_Z = 0$ より $\alpha X^2 = 0$ がわかり，このとき $F_X = 0$ より $X = 0$ が結論される．よって，F の特異点は $(0:0:1)$ のみである．$F(x,y,1) = y^2 - \alpha x^2 - x^3$ なので，特異点における

接線は $y^2 - \alpha x^2 = (y - \sqrt{\alpha}x)(y + \sqrt{\alpha}x)$ より $Y = \sqrt{\alpha}X$ と $Y = -\sqrt{\alpha}X$ である．よって，$\alpha \neq 0$ ならば $(0:0:1)$ は F の結節点であり，$\alpha = 0$ ならば単純尖点である(図 2.9 参照)．

命題 2.6.　F を平面 d 次曲線とする．

(1) F が d 重点をもてば，F は重複を許した d 本の直線からなり，これらは共点である．

(2) 既約曲線 F が $d-1$ 重点をもてば，それは F のただ 1 つの特異点である．

《証明》　必要ならば適当な座標変換を施して，$(0:0:1)$ が F の m 重点だとしてよい．$f(x,y) = F(x,y,1)$ とおき，$f(x,y) = f_m(x,y) + \cdots + f_d(x,y)$ のように j 次斉次部分 f_j の和として表す．

今，$m = d$ ならば $f(x,y) = f_d(x,y)$ で，これは 2 変数の斉次多項式だから斉次一次式の積に分解し，$f(x,y) = \prod_{i=1}^{d}(\alpha_i x - \beta_i y)$ となる．このとき $F(X,Y,Z) = Z^d F(X/Z, Y/Z, 1) = Z^d f(X/Z, Y/Z) = \prod_{i=1}^{d}(\alpha_i X - \beta_i Y)$ である．よって，d 重点をもつ d 次曲線は重複を許した d 本の直線 $\alpha_i X = \beta_i Y$ からなることがわかった．いうまでもなく，これらの直線は $(0:0:1)$ を通る．

次に，$m = d-1$ とする．$f(x,y) = f_{d-1}(x,y) + f_d(x,y)$ であって，f_{d-1} と f_d はそれぞれ一次式の積に分解する．また，$F(X,Y,Z) = f_{d-1}(X,Y)Z + f_d(X,Y)$ である．仮定から $f_{d-1}(X,Y) \neq 0$ だが，F は既約なので，$f_d(X,Y) \neq 0$ も成り立つ．また，f_{d-1} の既約因子は f_d を割り切らず，逆も正しい．$\partial F/\partial Z = f_{d-1}(X,Y)$ なので，特異点 $(a:b:c)$ があるとすれば，補題 2.4 より $f_{d-1}(a,b) = 0$ かつ $F(a,b,c) = f_{d-1}(a,b)c + f_d(a,b) = 0$ をみたさなければならない．よって $f_{d-1}(a,b) = f_d(a,b) = 0$ だが，f_{d-1} や f_d の因子である一次式は，原点でのみ交わる直線を定めるので $(a,b) = (0,0)$ である．すなわち $(0:0:1)$ のみが特異点である．　□

2 つの平面曲線の交点に関しては，次が知られている．

ベズーの定理

共通成分をもたない平面 d 次曲線と平面 e 次曲線は，重複を許した de 点で交わる．

この定理は，直線や 2 次曲線に対してなら前章で示してあるが，一般の場合の証明は後で行う．実は，ベズーの定理においては「重複を許した」の意味付けが最も難しい．厳密には，各交点における「局所交点数」(つまり，その点で何重に交わっているか)を適切に定義して，その総和が de となることを示さなければならない．詳細は §2.6 に譲ることにして，当面は既知の場合からの類推に基づいて，直感的に把握しておけば十分だが，片方の曲線が直線の場合には，次のように(1 変数)代数方程式の根の重複度に帰着させることができる．

L を直線，F を d 次曲線とし，L は F の既約成分ではないとする．適当な射影変換を施せば $L = Y$ とできる．このとき，L と F の交点は，連立方程式 $Y = F(X,Y,Z) = 0$ によって求められ，したがって，$Y = 0$ かつ $F(X,0,Z) = 0$ によって与えられる．$F(X,0,Z)$ は X,Z に関する斉次 d 次式だから，$F(X,0,Z) = \prod_{i=1}^{d}(\beta_i X - \alpha_i Z)$ のように一次式の積となる．したがって，交点は $(\alpha_i : 0 : \beta_i)$ $(i = 1,\ldots,d)$ となる．この場合，点 $p = (a:b:c) \in \mathbb{P}^2$ における L と F の**局所交点数**（交点の重複度）$i_p(L \cap F)$ は，$(a:b:c) = (\alpha_i : 0 : \beta_i)$ をみたす i の個数のことである．よって，特に $p \notin L \cap F$ なら $i_p(L \cap F) = 0$ であり，$p \in L \cap F$ なら $i_p(L \cap F)$ は正整数である．また，L と F は，$\sum_{p \in \mathbb{P}^2} i_p(L \cap F) = d$ いう意味で，重複を許した d 点で交わっているのである．定義から，もし G が F を割り切っていれば，不等式 $i_p(G \cap L) \leq i_p(F \cap L)$ が成り立つことは明らかだろう．

補題 2.7. F を平面 d 次曲線とし，$p \in F$ とする．直線 L が p を通るとき，

$$i_p(L \cap F) \geq \mathrm{mult}_p(F)$$

が成り立つ(ただし，L が F の既約成分である場合は $i_p(L,F) = \infty$ であると解釈する)．等号が成立するのは，L が p における F の接線ではない場合に限る．特に，p が F の単純点のとき，$i_p(F \cap T_pF) \geq 2$ である．

《証明》 $p = (0:0:1)$ としてよい．また，$L = Y$ であるとしてよい．$m = \mathrm{mult}_p(F)$ とおく．斉次多項式 $f_k(x,y)$ を用いて，$F(x,y,1) = f_m + \cdots + f_d(x,y)$ と書き，f_k における x^k の係数を b_k とおく．このとき，$F(x,0,1) = x^m(b_m + b_{m+1}x + \cdots + b_d x^{d-m})$ より $x = 0$ は $F(x,0,1)$ の少なくとも m 重の重根である．$L = Y$ としたので，これは $i_p(F \cap L) \geq m$ を意味する．

$i_p(F \cap L) = m$ は $b_m \neq 0$ と同値である．すなわち L が p における接線でないことである．□

命題 2.8.　非特異平面曲線は既約である．

《証明》　まず，**重複成分上の点は，特異点である**ことを示す．$F = G^2H$ と分解したとする．このとき $T = X, Y, Z$ について

$$F_T = G\,(2HG_T + GH_T)$$

なので，G 上の任意の点 $(a:b:c)$ について $F_T(a,b,c) = 0$ である．よって補題 2.4 より，重複成分 G 上の点はすべて F の特異点である．

次に **2 つの既約成分の交点は特異点である**ことを示す．ベズーの定理から，2 つの既約成分は必ず交わる．F の 2 つの既約成分を F_1, F_2 とし，$F = F_1F_2G$ とおく．$T = X, Y, Z$ に対して

$$F_T = F_2G(F_1)_T + F_1G(F_2)_T + F_1F_2G_T$$

となるので，F_1 と F_2 の交点 $(a:b:c)$ は $F_T(a,b,c) = 0$ をみたすから，補題 2.4 より F の特異点である．

以上より，平面曲線が非特異ならば既約である．□

▷ **例 2.9.**　この命題の逆は成り立たない．すなわち，既約だからといって，非特異であるとは限らない．例えば，$F(X,Y,Z) = YZ^2 - X^3$ が既約であることは容易に確かめられるが，例 2.3 で見たように非特異ではない．

命題 2.10.　既約平面曲線の特異点は高々有限個である．

《証明》　F を既約な d 次平面曲線とする．まず，F_X, F_Y, F_Z のうちのいずれかは零でない斉次 $d-1$ 次式である．$F_X \neq 0$ としてよい．F は既約だから，F_X およびその既約因子で割り切れることはない．よって，ベズーの定理より，2 つの平面曲線 F と F_X は高々$d(d-1)$ 点で交わる．補題 2.4 より，F の特異点はこうして見つかった交点集合に含まれるので，高々有限個である．□

2.4 変曲点

点 p を d 次平面曲線 F の単純点とする．このとき命題 2.8 より，p を含む F の既約成分はただ 1 つであり，その成分に沿った F の重複度は 1 である．また，p における F の接線は T_pF ただ 1 つである．T_pF が F の既約成分であるとき，p を F の**仮変曲点** (improper inflection point) と呼ぶ．$d = 1$ ならば $T_pF = F$ なので，F の点はすべて仮変曲点である．$d \geq 2$ とし，p は F の仮変曲点でないとする．このとき，ベズーの定理から T_pF と F は重複を許した d 点で交わる．p は接点なので，p における T_pF と F の局所交点数はいつも 2 以上だが(補題 2.7)，これが 3 以上であるとき，p を F の**真変曲点** (proper inflection point) であるという．したがって，F が真変曲点 p をもてば，p を含む F の既約成分の次数は 3 以上でなければならないから，特に $d \geq 3$ である．真変曲点と仮変曲点を合わせて，F の**変曲点** (inflection point) と呼ぶ．

▷ **注意 2.11.** 通常は，$y = x^3$ のグラフの原点のように，曲線の曲がり方が上(下)に凸から下(上)に凸のように変わる点を変曲点と呼ぶが，ここでの変曲点の意味はもっと広いことに注意しよう．例えば $y = x^4$ のグラフの原点も変曲点である．

実際に変曲点がどれくらいあるかを調べるためには，F の**ヘッセ行列式** (Hessian)

$$H_F = \det \mathrm{Hess}(F) = \begin{vmatrix} F_{XX} & F_{XY} & F_{XZ} \\ F_{XY} & F_{YY} & F_{YZ} \\ F_{XZ} & F_{YZ} & F_{ZZ} \end{vmatrix}$$

が重要である．これは $d-2$ 次斉次式を成分とする 3 次正方行列の行列式なので，斉次 $3(d-2)$ 次式である．H_F が定める射影平面曲線を，F の**ヘッセ曲線**と呼ぶ．

補題 2.12. d 次斉次多項式 F に対して，次の恒等式が成立する．

$$Z^2 \cdot H_F = \begin{vmatrix} F_{XX} & F_{XY} & (d-1)F_X \\ F_{XY} & F_{YY} & (d-1)F_Y \\ (d-1)F_X & (d-1)F_Y & d(d-1)F \end{vmatrix}$$
$$= (d-1)^2(2F_XF_YF_{XY} - F_X^2F_{YY} - F_Y^2F_{XX}) + d(d-1)(F_{XX}F_{YY} - F_{XY}^2)F.$$

《証明》　$\mathrm{Hess}(F)$ の第1行に X, 第2行に Y, 第3行に Z を掛けてから，第1行と第2行を第3行に加える．こうすると第3行は $(XF_{XX}+YF_{XY}+ZF_{XZ}, XF_{XY}+YF_{YY}+ZF_{YZ}, XF_{XZ}+YF_{YZ}+ZF_{ZZ})$ となるが，オイラーの等式(補題 2.2)より，これは $((d-1)F_X, (d-1)F_Y, (d-1)F_Z)$ に等しい．第1行から X, 第2行から Y を，それぞれ括り出す．ここまでで

$$Z^2H_F = Z\begin{vmatrix} F_{XX} & F_{XY} & F_{XZ} \\ F_{XY} & F_{YY} & F_{YZ} \\ (d-1)F_X & (d-1)F_Y & (d-1)F_Z \end{vmatrix}$$

となった．次に，第1列に X, 第2列に Y, 第3列に Z を掛けてから，第1列と第2列を第3列に加える．こうすると第3列は ${}^t(XF_{XX}+YF_{XY}+ZF_{XZ}, XF_{XY}+YF_{YY}+ZF_{YZ}, (d-1)\{XF_X+YF_Y+ZF_Z\})$ となる．オイラーの等式より，これは ${}^t((d-1)F_X, (d-1)F_Y, d(d-1)F)$ に等しい．第1列から X を，第2列から Y を括り出す．以上の操作によって，上の行列式は

$$\begin{vmatrix} F_{XX} & F_{XY} & (d-1)F_X \\ F_{XY} & F_{YY} & (d-1)F_Y \\ (d-1)F_X & (d-1)F_Y & d(d-1)F \end{vmatrix}$$

となる．　□

補題 2.13.　$p=(0:0:1)$ は d 次平面曲線 F の単純点とし，p における F の接線は $Y=0$ だとする．このとき，$f(x,y)=F(x,y,1)$ に対して，次が成立する．

(1) Y が F の既約成分ならば，$f(x,y)=y\psi(x,y)$, $\psi(0,0)\neq 0$, をみたす $\psi(x,y)\in\mathbb{C}[x,y]$ が存在する．

(2) Y が F の既約成分でないとき，多項式 $\varphi(x) \in \mathbb{C}[x]$, $\psi(x,y) \in \mathbb{C}[x,y]$ で

$$f(x,y) = x^{\mu}\varphi(x) + y\psi(x,y)$$

かつ $\mu = i_p(F \cap Y)$, $\varphi(0) \neq 0$, $\psi(0,0) \neq 0$ をみたすものが存在する．

《証明》 多項式 $f(x,y) - f(x,0)$ は y で割り切れるから，商を $\psi(x,y) \in \mathbb{C}[x,y]$ とすれば $f(x,y) = f(x,0) + y\psi(x,y)$ となる．$p \in F$ より $f(0,0) = 0$ なので，$f(x,0)$ の定数項は零である．

Y が F を割り切れば，$f(x,0)$ は x の多項式として零である．p が F の単純点だから，p を通る F の既約成分は $\mathsf{V}(Y)$ しかあり得ない．よって，$\psi(0,0) \neq 0$ でなければならない．

Y は F を割り切らないとする．Y と F の p における局所交点数は μ なので，$f(x,0)$ は x^{μ} で割り切れるが $x^{\mu+1}$ では割り切れない．よって，$f(x,0) = x^{\mu}\varphi(x)$ とおけば，$\varphi(0) \neq 0$ である．Y は p における接線だから，補題 2.7 より $\mu \geq 2$ が成り立つ．他方，p は F の単純点だから，$f(x,y)$ は 1 次の項を含まなければならない．すなわち $\psi(0,0) \neq 0$ である． □

定理 2.14. d を 3 以上の整数とし，F を被約な d 次平面曲線とする．H_F を F のヘッセ曲線とするとき，次が成立する．

(1) 点 $p \in F$ が F の特異点のとき，$p \in H_F$ である．

(2) 直線 L が F の既約成分ならば，L は H_F の既約成分でもある．また，F と H_F が共通の既約成分をもてば，それは直線である．

(3) $F \cap H_F$ は，F の特異点と変曲点からなる．

(4) p が F の単純点で T_pF が F の既約成分でないとする．このとき，

$$i_p(F \cap T_pF) = i_p(H_F \cap T_pF) + 2$$

が成立する．特に，単純点 p が変曲点であるための必要十分条件は $H_F(p) = 0$ である．

《証明》 座標変換を表す行列は正則行列なので，ヘッセ行列式が 0 になるかどうかは射影変換で変わらない性質である．なぜなら，3 次正則行列 P による変換 $(X' \ Y' \ Z') = (X \ Y \ Z)P$ では ${}^{\Phi}\mathrm{Hess}(F) = P\mathrm{Hess}({}^{\Phi}F){}^{t}P$ なので，

${}^{\Phi}H_F = (\det P)^2 H_{\Phi F}$ となるからである．よってあらかじめ適当な座標変換を施すことによって，p は $(0:0:1)$ と仮定してよい．特異点については補題 2.4 より $F(p) = F_X(p) = F_Y(p) = 0$ が成り立つから，(1) は補題 2.12 から従う．

$p = (0:0:1)$ は F の単純点だとする．このとき p における F の接線は $Y = 0$ であると仮定できる．$f(x,y) = F(x,y,1)$ とおけば，補題 2.12 より $H_F(p)$ は

$$h(x,y) = \begin{vmatrix} f_{xx} & f_{xy} & (d-1)f_x \\ f_{xy} & f_{yy} & (d-1)f_y \\ (d-1)f_x & (d-1)f_y & d(d-1)f \end{vmatrix}$$

の $(0,0)$ における値である．もし Y が F を割り切れば，補題 2.13 より $f = y\psi(x,y)$ と書けて $\psi(0,0) \neq 0$ である．このとき，

$$f_x(0,0) = 0 \cdot \psi_x(0,0) = 0,\ f_{xx}(0,0) = 0 \cdot \psi_{xx}(0,0) = 0$$

である．すなわち，上の行列式において $(1,1)$ 成分，$(1,3)$ 成分，$(3,1)$ 成分，$(3,3)$ 成分はすべて零だから，$H_F(p) = 0$ となる．p が仮変曲点のとき，任意の点 $q \in T_pF$ に対して全く同様にして $H_F(q) = 0$ であることがわかるから，T_pF は H_F の既約成分である．すなわち，(2) の前半部分が示された．

Y が F を割り切らなければ，補題 2.13 より $f(x,y) = x^\mu\varphi(x) + y\psi(x,y)$ と書ける．このとき，

$$\begin{cases} f_x = \mu x^{\mu-1}\varphi + x^\mu\varphi' + y\psi_x, \\ f_y = \psi + y\psi_y, \\ f_{xx} = \mu(\mu-1)x^{\mu-2}\varphi + 2\mu x^{\mu-1}\varphi' + x^\mu\varphi'' + y\psi_{xx}, \\ f_{xy} = \psi_x + y\psi_{xy}, \\ f_{yy} = 2\psi_y + y\psi_{yy}, \end{cases}$$

だから，

$$h(0,0) = \begin{vmatrix} f_{xx}(0,0) & \psi_x(0,0) & 0 \\ \psi_x(0,0) & 2\psi_y(0,0) & (d-1)\psi(0,0) \\ 0 & (d-1)\psi(0,0) & 0 \end{vmatrix}$$

$$= -(d-1)^2\psi(0,0)^2 f_{xx}(0,0)$$

となる．$\psi(0,0) \neq 0$, $\varphi(0) \neq 0$ だった．

$$f_{xx}(0,0) = \begin{cases} 2\varphi(0), & \mu = 2 \text{ のとき}, \\ 0, & \mu \geq 3 \text{ のとき}. \end{cases}$$

なので，$H_F(p) = 0$ であるための必要十分条件は $\mu \geq 3$ である．これは p を含む F の既約成分の次数が 3 以上であって，かつ p が F の変曲点であることと同値である．以上で，(3) と (4) の後半が示された．

(2) と (4) の残った部分を示す．上で計算した偏導関数 $f_x, f_y, f_{xx}, f_{xy}, f_{yy}$ を代入すれば，

$$h(x,y) = x^{\mu-2}\Phi(x) + y\Psi(x,y)$$

と書けて，$\Phi(0) = -(d-1)^2\mu(\mu-1)\varphi(0)\psi(0,0)^2 \neq 0$ であることが確かめられる．これは，特に Y が H_F を割り切らず，

$$\mu - 2 = i_p(H_F \cap T_pF) < i_p(F \cap T_pF) = \mu \tag{2.2}$$

であることを意味する．したがって，p を通る F の既約成分は，H_F の既約成分ではあり得ない．このことの対偶をとれば，単純点 $p \in F$ を通る F の既約成分 F_0 に対して，もし F_0 が H_F の既約成分ならば，T_pF は F の既約成分でなければならないことになる．命題 2.8 によれば，単純点を通る既約成分はただ 1 つなのだから，平面曲線として $F_0 = T_pF$ となる． □

F は既約な d 次曲線だとする ($d \geq 3$)．定理 2.14 から，F は H_F の既約成分ではない．H_F は $3(d-2)$ 次の平面曲線なので，ベズーの定理から F と H_F は重複を込めて $3d(d-2)$ 点で交わる．よって，次が得られた．

系 2.15. $d \geq 3$ のとき，非特異 d 次曲線は必ず変曲点をもち，その個数は高々$3d(d-2)$ 個である．

2.5 一 次 系

$\mathbb{C}[X,Y,Z]$ の d 次斉次多項式全体の集合 S_d は，$\mathbb{C}$ ベクトル空間だった．S_d の部分ベクトル空間を総称して，平面 d 次曲線の**一次系** (linear system, linear series) という．特に，2 次元の一次系を**ペンシル** (pencil), 3 次元のものを**ネット** (net), 4 次元のものを**ウェブ** (web) という．例えば，異なる平面曲線を定める 0 でない 2 つの d 次斉次多項式 $F, G \in S_d$ に対して，それらの一次結合全体 $\lambda F + \mu G$ を F と G が生成するペンシルであるという．このとき，平面曲線 $\lambda F + \mu G$ を，平面曲線 F と G が生成するペンシルのメンバーという．ただし，$\lambda = \mu = 0$ の場合は(多項式として 0 になるので)除外している．比 $\lambda : \mu$ が一致すれば，同じメンバーを表すことになる．

命題 2.16.　共通成分をもたない 2 つの平面 d 次曲線 F, G が異なる d^2 個の点で交わっているとする．これらすべての交点を通るような平面 d 次曲線 H は，F と G が生成するペンシルのメンバーである．

《証明》　F と G が生成するペンシルを Λ とする．もし H が F, G のいずれかと一致していれば，当然 Λ のメンバーなので，平面曲線として $H \neq F, H \neq G$ と仮定してよい．すると H 上には F にも G にも属さない点 $p = (a : b : c)$ がある．ここで，$\lambda = G(a, b, c)$, $\mu = -F(a, b, c)$ とおいて，Λ のメンバー $\lambda F + \mu G$ を考える．この曲線は F と G の交点および p を通るから，H とは $d^2 + 1$ 点で交わる．したがって，もし H と $\lambda F + \mu G$ に共通成分がなければベズーの定理に矛盾するから，共通成分はある．そこで H と $\lambda F + \mu G$ の最大公約因子を A として $H = AB$, $\lambda F + \mu G = AC$ と表示し，A の次数を k とおく．平面 k 次曲線 A と F の交点は dk 個の点からなり，すべて $F \cap G$ に含まれる．したがって，$d - k$ 次曲線 B と C は残りの $d^2 - dk$ 個の交点を通らなければならない．B と C は共通成分をもたないので，交点の数はベズーの定理から $(d-k)^2$ 個である．したがって少なくとも $(d-k)^2 \geq d^2 - dk$ でなければならない．これは $k^2 \geq dk$ と同値なので，$k = d$ を得る．つまり B も C も定数なので，平面曲線として H と $\lambda F + \mu G$ は一致している．　□

系 2.17.　共通成分をもたない 2 つの平面 d 次曲線 F, G が異なる d^2 個の点で交わっているとする．p を F にも G にも含まれない任意の点とする．このとき，これら $d^2 + 1$ 点を通るような平面 d 次曲線がただ 1 つ存在する．

《証明》　F, G の d^2 個の交点を通る平面 d 次曲線は，F と G が張るペンシルのメンバーであり，適当な定数 λ, μ によって $\lambda F + \mu G$ と書ける．こ

れが点 p を通るための条件は，$\lambda F(p) + \mu G(p) = 0$ であり，言い換えれば $\lambda : \mu = G(p) : -F(p)$ である．よって，$G(p)F - F(p)G$ が，要求された性質をもつただ 1 つの d 次曲線である． □

▷ **例 2.18.** $f(x, y) = 4x^2 + y^2 - 4$, $g(x, y) = x^2 + 4y^2 - 4$ とする．実数の範囲で考えると $f(x, y) = 0$, $g(x, y) = 0$ は，ともに xy 平面の楕円を表していて，一方を原点を中心に $\pi/2$ だけ回転させれば他方になる．図を描けばわかる通り，これらは異なる 4 点で交わっている．これら 4 交点と $(\sqrt{2}, 2)$ の合計 5 点を通るような 2 次曲線を求めてみる．

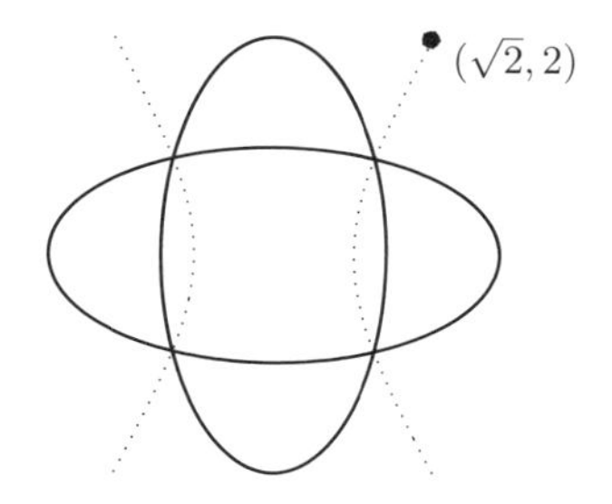

図 2.10 4 交点を通る二次曲線

t をパラメータとして

$$f(x, y) + tg(x, y) = 0$$

という 2 次曲線を考えれば，これは 2 つの楕円の 4 交点を通る．さらに $(\sqrt{2}, 2)$ を通るための条件は，$f(\sqrt{2}, 2) + tg(\sqrt{2}, 2) = 8 + 14t = 0$ なので，$t = -4/7$ とすればよい．したがって，求める 2 次曲線は $f(x, y) - (4/7)g(x, y) = (3/7)(8x^2 - 3y^2 - 4)$ で与えられる双曲線である．同様に，2 つの楕円の 4 交点に加えて $(1, 1)$ を通る 2 次曲線は $x^2 - y^2 = 0$ であり，2 直線 $y = \pm x$ の和集合である．

ついでに，$\epsilon > 0$ に対して，$f(x, y)g(x, y) + \epsilon = 0$ が定義する曲線を描けば，図 2.11 のようになる．曲線に異なる 2 点以上で接する直線を，その曲線の**複接線** (bitangent line) というが，一般に非特異 4 次曲線は 28 本の複接線をもつことが知られている．図 2.11 の曲線は，これらの複接線がすべて実数の範囲で見えている．このような性質をもつ 4 次曲線を最初に見つけたの

図 2.11　28 本の複接線をもつ 4 次曲線

はプリュッカー (Plücker, 1839) である．

命題 2.19.　共通成分をもたない 2 つの平面 d 次曲線 F, G が異なる d^2 個の点で交わっているとする．また，既約な平面 k 次曲線 H は F と G の d^2 個の交点のうち dk 個を通るものとする．ただし，$1 \leq k < d$ とする．このとき，残りの $d(d-k)$ 個の点を通るような平面 $d-k$ 次曲線 C が存在する．しかも CH は F と G が生成するペンシルのメンバーである．

《証明》　仮定より $p \in H$ かつ $p \notin F \cap G$ であるような点 p が存在する．$\lambda = -G(p), \mu = F(p)$ とおいて，$H' = \lambda F + \mu G$ とおく．このとき $H'(p) = 0$ であって，$F \cap H$ の点はすべて G に含まれるので，H' と H は $1 + dk$ 個の点で交わる．したがって，ベズーの定理から，H と H' は共通成分をもつことになるが，H は既約だったから，H が H' の既約成分になっていることがわかる．よって d 次斉次式 H' は H で割り切れ，$H' = CH$ と分解する．　□

系 2.20.　平面 3 次曲線 C と 2 つの直線 L_1, L_2 に対して，C と L_1 の交点を p_1, p_2, p_3 とし，C と L_2 の交点を q_1, q_2, q_3 とする．これらは 6 点はすべて異なる C の単純点であると仮定する．今，C と $\overline{p_i q_i}$ との第 3 の交点を r_i $(i = 1, 2, 3)$ とすれば，3 点 r_1, r_2, r_3 は共線である．

《証明》　$i = 1, 2, 3$ に対して，$\overline{p_i q_i}$ の方程式を $M_i = 0$ とする．積 $M_1 M_2 M_3$ は斉次三次式である．2 つの 3 次曲線 C, $M_1 M_2 M_3$ が張るペンシルと直線 L_1 に対して命題 2.19 を適用すると，$L_1 D$ がペンシルのメンバーになるような斉次二次式 D が得られる．D は同一直線上にある 3 点 q_1, q_2, q_3 を通るので，既約 2 次曲線ではあり得ず，L_2 を既約成分として含む．よって $D = LL_2$ とすれば，直線 L は r_1, r_2, r_3 を含む． □

2.6 ベズーの定理

この節では，ベズーの定理を証明する．先に触れた通り，局所交点数を適切に定義することが最も厄介な点である．2 つの曲線がそれぞれの特異点どうしで交わっている状況を想像すれば，描かれた曲線だけを頼りにどの程度の重複度で交わっているかを判断するのは，極めて難しいことがわかるだろう．そこで，抽象代数の力を借りることになる．

多項式 $F, G \in \mathbb{C}[X, Y, Z]$ の商 F/G は有理式である．その全体を $\mathbb{C}(X, Y, Z)$ と書く．通常の演算で加減乗除が可能なので，これは(可換)**体**であり，$\mathbb{C}$ 上の 3 変数**有理関数体**と呼ばれる．

点 $p \in \mathbb{P}^2$ に対して

$$\mathcal{O}_p = \left\{ \frac{P}{Q} \in \mathbb{C}(X, Y, Z) \;\middle|\; P, Q \text{ は同じ次数の斉次式で } Q(p) \neq 0 \right\} \tag{2.3}$$

とおく．これは有理式の和と積について閉じていて，可換環をなす．$\mathcal{O}_p$ の元 $u = P/Q$ は，点 p における関数だと考えることができる．実際，$d = \deg P = \deg Q$ とおけば，任意の零でない複素数 λ に対して

$$\frac{P(\lambda X, \lambda Y, \lambda Z)}{Q(\lambda X, \lambda Y, \lambda Z)} = \frac{\lambda^d P(X, Y, Z)}{\lambda^d Q(X, Y, Z)} = \frac{P(X, Y, Z)}{Q(X, Y, Z)}$$

となるから，$p = (a : b : c)$ のとき値 $P(a, b, c)/Q(a, b, c)$ は p の斉次座標のとり方に依らず確定する．よって，$u(p) = P(a, b, c)/Q(a, b, c)$ と定めることができる．

$F_1, \ldots, F_n \in \mathbb{C}[X, Y, Z]$ を有限個の斉次多項式とする．一次斉次式 L で $L(p) \neq 0$ なるものをとり $\overline{F}_i = F_i / L^{\deg F_i}$ とおく．このとき

$$\begin{aligned}(F_1, \ldots, F_n)_p &:= \left\{ g_1 \overline{F}_1 + \cdots + g_n \overline{F}_n \;\middle|\; g_1, \ldots, g_n \in \mathcal{O}_p \right\} \\ &= \left\{ \frac{P}{Q} \in \mathcal{O}_p \;\middle|\; P = P_1 F_1 + \cdots + P_n F_n \text{ および各 } P_i \text{ は斉次} \right\}\end{aligned}$$

は L の選び方に依存せず，

- $u, v \in (F_1, \ldots, F_n)_p$ ならば $u - v \in (F_1, \ldots, F_n)_p$, および
- 任意の $r \in \mathcal{O}_p$, $u \in (F_1, \ldots, F_n)_p$ に対して $ru \in (F_1, \ldots, F_n)_p$

が成り立つので，$(F_1, \ldots, F_n)_p$ は $\mathcal{O}_p$ のイデアルをなす．これは代数的には重要な事実だが，今の場合に注目すべきことは，$\mathcal{O}_p$ は $\mathbb{C}$ 上のベクトル空間であり，$(F_1, \ldots, F_n)_p$ はその部分空間であるという点である．したがって，商ベクトル空間 $\mathcal{O}_p/(F_1, \ldots, F_n)_p$ を考えることができる．

局所交点数

$F, G \in \mathbb{C}[X, Y, Z]$ を互いに素な斉次多項式とする．このとき

$$i_p(F \cap G) := \dim_{\mathbb{C}}(\mathcal{O}_p/(F, G)_p) \in \mathbb{Z}_{\geq 0} \cup \{\infty\} \tag{2.4}$$

を点 p における F と G の**局所交点数**という（ただし，∞ はどんな自然数より大きいと約束する．また $\infty + \infty = \infty$ 等である）．

明らかに

$$i_p(F \cap G) = i_p(G \cap F) \tag{2.5}$$

が成り立つ．

補題 2.21.　上の状況で，$p \notin \mathsf{V}(F) \cap \mathsf{V}(G)$ ならば $i_p(F \cap G) = 0$ で，$p \in \mathsf{V}(F) \cap \mathsf{V}(G)$ ならば $i_p(F \cap G) = 1 + \dim_{\mathbb{C}} \mathfrak{m}_p/(F, G)_p > 0$ である．ここに，$\mathfrak{m}_p = \{v \in \mathcal{O}_p \mid v(p) = 0\}$ である．

《証明》　$P/Q \in \mathcal{O}_p$ とする．まず $p \notin \mathsf{V}(F) \cap \mathsf{V}(G)$ とすれば，$F(p) \neq 0$ または $G(p) \neq 0$ である．例えば $F(p) \neq 0$ とする．このとき $(QF)(p) \neq 0$ で $P/Q = (PF)/(QF) \in (F)_p \subset (F, G)_p$ となる．すなわち $\mathcal{O}_p \subset (F, G)_p$ なので，$(F, G)_p = \mathcal{O}_p$ が従うから，$i_p(F \cap G) = 0$ である．次に $p \in \mathsf{V}(F) \cap \mathsf{V}(G)$ とする．$P/Q \in (F, G)_p$ のとき $Q(p) \neq 0$ だが，P は F と G の斉次多項式を係数とする一次結合なので，$P(p) = 0$ となる．よって $(F, G)_p$ の元は p で零になる．他方 $1 = 1/1 \in \mathcal{O}_p$ はそうではないから，$(F, G)_p \neq \mathcal{O}_p$ がわかる．すなわち $i_p(F \cap G) > 0$ である．$\mathfrak{m}_p$ は $\mathcal{O}_p$ のイデアルであって，$(F, G)_p \subset \mathfrak{m}_p$ が成立する．このとき

$$\dim \mathcal{O}_p/(F, G)_p = \dim \mathcal{O}_p/\mathfrak{m}_p + \dim \mathfrak{m}_p/(F, G)_p$$

が成り立つ．$v \in \mathcal{O}_p$ に対して $v - v(p) \in \mathfrak{m}_p$ なので，$\mathcal{O}_p/\mathfrak{m}_p \simeq \mathbb{C}$ である．よって，$i_p(F \cap G) = 1 + \dim \mathfrak{m}_p/(F,G)_p$ が成立する． □

ベクトル空間 U, V, W と線形写像 $\varphi : U \to V$，$\psi : V \to W$ について，φ が単射かつ ψ が全射で，φ の像と ψ の核が一致するとき，列

$$0 \to U \xrightarrow{\varphi} V \xrightarrow{\psi} W \to 0$$

は，ベクトル空間の(短)**完全列**であるという．このとき，線形写像に対する次元公式より $\dim V = \mathrm{rank}(\psi) + \dim \mathrm{Ker}(\psi) = \dim W + \dim U$ が成立する．

補題 2.22. $p \in \mathbb{P}^2$ とする．$F, G, H \in \mathbb{C}[X,Y,Z]$ は非零な斉次多項式で，F は G, H のいずれとも互いに素であるとする．このとき，

$$i_p(F \cap GH) = i_p(F \cap G) + i_p(F \cap H) \tag{2.6}$$

が成立する．

《証明》 $R = \mathcal{O}_p/(F)_p$ とおく．また，$a \in R$ に対して $(a) = \{ra | r \in R\}$ とおく．商写像 $\mathcal{O}_p \to R$ による $u = G/L^{\deg G}$, $v = H/L^{\deg H}$ の像を $\bar{u}, \bar{v}$ とおく．ただし L は $L(p) \neq 0$ なる斉次一次式である．まず，(R 加群の) 準同型写像 $\varphi : R \to R/(\bar{u}\bar{v})$ を $\varphi(a) = a\bar{v} \mod (\bar{u}\bar{v})$ によって定める．$a \in \mathrm{Ker}(\varphi)$，すなわち $a\bar{v} \in (\bar{u}\bar{v})$ ならば，$a\bar{v} = b\bar{u}\bar{v}$ となる $b \in R$ が存在するが，R は整域なので $a = b\bar{u} \in (\bar{u})$ である．よって $\mathrm{Ker}\,(\varphi) = (\bar{u})$ だから準同型定理より，φ は単射準同型写像 $\bar{\varphi} : R/(\bar{u}) \to R/(\bar{u}\bar{v})$ を誘導する．次に，商写像 $\psi : R/(\bar{u}\bar{v}) \to R/(\bar{v})$ を考える．これは $a \mod (\bar{u}\bar{v}) \mapsto a \mod (\bar{v})$ で定義されるから $a \in (\bar{v})$ ならば $a = b\bar{v}$ と書ける．よって ψ の核は $\bar{\varphi}$ の像に等しい．以上より，次は完全列である．

$$0 \to R/(\bar{u}) \xrightarrow{\bar{\varphi}} R/(\bar{u}\bar{v}) \xrightarrow{\psi} R/(\bar{v}) \to 0$$

ここで，自然な同一視 $R/(\bar{u}) \simeq \mathcal{O}_p/(F,G)_p$，$R/(\bar{v}) \simeq \mathcal{O}_p/(F,H)_p$，$R/(\bar{u}\bar{v}) \simeq \mathcal{O}_p/(F,GH)_p$ によって，上の列は

$$0 \to \mathcal{O}_p/(F,G)_p \to \mathcal{O}_p/(F,GH)_p \to \mathcal{O}_p/(F,H)_p \to 0$$

となる．これを $\mathbb{C}$ ベクトル空間の完全列と見なせば，次元公式より

$$\dim(\mathcal{O}_p/(F,GH)_p) = \dim(\mathcal{O}_p/(F,G)_p) + \dim(\mathcal{O}_p/(F,H)_p)$$

が成り立つ. □

補題 2.23.　$p \in \mathbb{P}^2$ とする. $F, G, H \in \mathbb{C}[X,Y,Z]$ は非零な斉次多項式で, F と G は互いに素で $\deg(FH) = \deg G$ であるとする. このとき,

$$i_p(F \cap (G + FH)) = i_p(F \cap G) \tag{2.7}$$

が成立する.

《証明》　$(F, G+FH)_p = (F,G)_p$ なので明らか. □

補題 2.24.　異なる斉次一次式 $A = a_1X + a_2Y + a_3Z$, $B = b_1X + b_2Y + b_3Z$ をとる. このとき, $\mathsf{V}(A) \cap \mathsf{V}(B)$ は1点である. $p = \mathsf{V}(A) \cap \mathsf{V}(B)$ とおけば, $i_p(A \cap B) = 1$ である.

《証明》　前半は補題 1.1 に他ならない. 後半は次のように考える. $(a_1\ a_2\ a_3)$ と $(b_1\ b_2\ b_3)$ は一次独立なので, もう1つ適当なベクトル $(c_1\ c_2\ c_3)$ をとって, この3つのベクトルが $\mathbb{C}^3$ の基底となるようにする. $C = c_1X + c_2Y + c_3Z$ とおくと, 行列

$$\begin{pmatrix} a_1 & a_2 & a_3 \\ b_1 & b_2 & b_3 \\ c_1 & c_2 & c_3 \end{pmatrix}$$

は正則行列であり, 多項式環の間の次数を保つ同型写像 $\mathbb{C}[A,B,C] \to \mathbb{C}[X,Y,Z]$ を定める. よって最初から $A = X$, $B = Y$ としてよい. このとき $p = (0:0:1)$ であり, $P/Q \in \mathcal{O}_p$ に対して $P(0,0,1) = 0$ が成立することと $P/Q \in (X,Y)_p$ であることは同値である. 前者は P が Z 単独の項を含まないことを意味する. そこで, $P = \alpha Z^d + P'$, $Q = \beta Z^d + Q'$ とおく. ただし, $\alpha \in \mathbb{C}$, β は非零定数であり, $d = \deg P = \deg Q$, $P'(0,0,1) = Q'(0,0,1) = 0$ である. このとき

$$\frac{P}{Q} = \frac{\alpha Z^d + P'}{\beta Z^d + Q'} = \frac{\alpha}{\beta} + \frac{P' - (\alpha/\beta)Q'}{Q}$$

であり, $(P' - (\alpha/\beta)Q')/Q \in (X,Y)_p$ だから, $(X,Y)_p$ を法として $P/Q = \alpha/\beta \in \mathbb{C}$ が成り立つ. よって $\dim(\mathcal{O}_p/(X,Y)_p) = 1$ である. □

命題 2.25.　$F \in \mathbb{C}[X,Y,Z]$, $G \in \mathbb{C}[X,Y]$ を互いに素な斉次多項式とし $\deg F = d$, $\deg G = e$ とおく．このとき任意の $p \in \mathbb{P}^2$ に対して，局所交点数 $i_p(F \cap G)$ は有限であり，

$$\sum_{p \in \mathbb{P}^2} i_p(F \cap G) = de$$

が成り立つ．

《証明》　G は 2 変数の斉次式なので，一次式 G_i の積に分解し $G = \prod_{i=1}^{e} G_i$ と書ける．このとき，補題 2.22 を繰り返し用いれば

$$\begin{aligned} i_p(F \cap G) &= i_p(F \cap (\prod_{i=1}^{e-1} G_i) G_e) = i_p(F \cap \prod_{i=1}^{e-1} G_i) + i_p(F \cap G_e) \\ &= i_p(F \cap \prod_{i=1}^{e-2} G_i) + i_p(F \cap G_{e-1}) + i_p(F \cap G_e) \\ &= \sum_{i=1}^{e} i_p(F \cap G_i) \end{aligned}$$

となる．

各 i に対して $i_p(F \cap G_i)$ を考える．必要ならば X, Y に関する一次変換を施すことにより最初から $G_i = X$ と仮定できる．今，F を X で括れる部分とそうでない部分に分けて

$$F(X,Y,Z) = T(Y,Z) + XU(X,Y,Z) \quad (T(Y,Z) = F(0,Y,Z))$$

と書く．すると補題 2.23 より $i_p(F \cap X) = i_p((T + XU) \cap X) = i_p(T \cap X)$ が成り立つ．$T \in \mathbb{C}[Y,Z]$ は 2 変数の斉次式なので，一次式 T_i の積に分解し，$T(Y,Z) = \prod_{i=1}^{d} T_i(Y,Z)$ と書ける．すると，先と同様に $i_p(T \cap X) = \sum_{i=1}^{d} i_p(T_i \cap X)$ となる．明示的に $T_i = \alpha_i Y - \beta_i Z$ と書けば $(\alpha_i, \beta_i) \neq (0,0)$ であって，$(0 : \beta_i : \alpha_i)$ は直線 $T_i = 0$ と $X = 0$ の交点である．よって $p = (0 : \beta_i : \alpha_i)$ のときに限って $i_p(T_i \cap X) = 1$ で，その他の場合は 0 である．以上より，$\deg G_i = 1$ のとき $i_p(F \cap G_i) \leq d$ であり，$\sum_{p \in \mathbb{P}^2} i_p(F \cap G_i) = d$ であることがわかった．

総和をとることにより，$i_p(F \cap G) = \sum_{i=1}^{e} i_p(F \cap G_i) < \infty$ および

$$\sum_{p\in\mathbb{P}^2} i_p(F\cap G)=\sum_{i=1}^{e}\sum_{p\in\mathbb{P}^2} i_p(F\cap G_i)=ed$$

が従う．□

命題 2.25 の証明から，2.3 節で与えた直線と曲線の局所交点数が (2.4) と一致することが了解されるだろう．

準備が整ったので，ベズーの定理を証明する．その前に，その正確な主張を述べておこう：

定理 2.26 （**ベズー**）．　$F, G \in \mathbb{C}[X, Y, Z]$ を互いに素な斉次多項式とし，$\deg F = d$, $\deg G = e$ とおく．このとき各点 $p \in \mathbb{P}^2$ に対して $i_p(F\cap G)$ は有限であり，

$$\#(F\cap G) := \sum_{p\in\mathbb{P}^2} i_p(F\cap G) = ed$$

が成立する．特に $\mathsf{V}(F)\cap\mathsf{V}(G)$ は空集合ではなく，高々ed 個の点からなる．

$\#(F\cap G)$ を F と G の**交点数** (intersection number) という．

F, G を Z に関して整理して，X, Y の多項式を係数とする Z の多項式だと考える．必要ならば F, G の役割を入れ替えることによって，Z に関する次数（以下，Z 次数という）について $\deg_Z F \geq \deg_Z G$ が成り立つとしてよい．Z 次数に関する帰納法を用いる．$\deg_Z G = 0$ ならばすでに命題 2.25 において示されている．よって $\deg_Z G > 0$ とする．互いに素な斉次多項式の組 (F', G') で $\deg_Z F' \geq \deg_Z G'$, $\deg_Z G' < \deg_Z G$ なるものに対しては，$\#(F'\cap G') = (\deg F')(\deg G')$ が成立していると仮定する．

(1) F, G は X, Y の多項式を係数とする Z の多項式だと考えているが，Z の多項式と見なした割り算を行いたいので，いったん，係数は X, Y の有理式であると考える．すなわち，$F, G \in \mathbb{C}(X, Y)[Z]$ と見なして割り算を実行する．F を G で割ったときの商を Q, 余りを R とすると

$$F = QG + R$$

となる．$Q, R \in \mathbb{C}(X, Y)[Z]$ かつ $\deg_Z R < \deg_Z G$ である．F, G は互いに素なので，$R \neq 0$ であることに注意する．

(2) Q, R の分母の最小公倍数を $\widetilde{H}$ とし，両辺に掛ける：

$$\widetilde{H}F = \widetilde{Q}G + \widetilde{R},$$

ここに，$\widetilde{Q} = Q\widetilde{H}$, $\widetilde{R} = R\widetilde{H} \in \mathbb{C}[X, Y, Z]$ である．

補題 2.27.　$\widetilde{H}$, $\widetilde{Q}$, $\widetilde{R}$ は斉次多項式である．

《証明》　$\widetilde{H} \in \mathbb{C}[X, Y]$ である．$\widetilde{H}$ が定数ならば，主張は明らかに正しいので，定数ではないとする．$\widetilde{H}$ の零でない k 次斉次部分 $[\widetilde{H}]_k$ を任意にとり，積 $[\widetilde{H}]_k F$ を考えれば，これは $\widetilde{H}F$ の $d+k$ 次の斉次部分である．一方 $\widetilde{Q}G + \widetilde{R}$ の $d+k$ 次斉次部分は $[\widetilde{Q}]_{d-e+k}G + [\widetilde{R}]_{d+k}$ なので，$[\widetilde{H}]_k F = [\widetilde{Q}]_{d-e+k}G + [\widetilde{R}]_{d+k}$ が成り立つ．また，明らかに $\deg_Z [\widetilde{R}]_{d+k} \leq \deg_Z \widetilde{R} < \deg_Z G$ が成り立つ．等式

$$F = \frac{[\widetilde{Q}]_{d-e+k}}{[\widetilde{H}]_k}G + \frac{[\widetilde{R}]_{d+k}}{[\widetilde{H}]_k}$$

について，$\mathbb{C}(X, Y)[Z]$ における割り算に関する商と余りの一意性から $Q = [\widetilde{Q}]_{d-e+k}/[\widetilde{H}]_k$, $R = [\widetilde{R}]_{d+k}/[\widetilde{H}]_k$ となる．すなわち，Q も R も斉次多項式の商である．斉次多項式を割り切る多項式はまた斉次なので，Q も R も互いに素な斉次多項式の商であることがわかった．このとき，$\widetilde{H}$, $\widetilde{Q}$, $\widetilde{R}$ が斉次多項式であることは明白である．　□

2 つの多項式 A, B に対して $\gcd(A, B)$ は A と B の最大公約因子を表す．すなわち，A と B の両方を割り切るような次数が最大の多項式を $\gcd(A, B)$ とする．

(3) $C = \gcd(G, \widetilde{R}) = \gcd(G, \widetilde{H})$ とおき，両辺を C で割る：

$$HF = \widetilde{Q}G' + R',$$

$G = G'C$, $\widetilde{H} = HC$, $\widetilde{R} = R'C$ である．$\widetilde{H} \in \mathbb{C}[X, Y]$ なので $C \in \mathbb{C}[X, Y]$ である．よって，$H \in \mathbb{C}[X, Y]$ である．また，G は斉次多項式なので C と G' も斉次多項式だが，補題 2.27 から H や R' も斉次多項式であることが従う．

(4) こうして得られた斉次多項式 R, G', H, C について，補題 2.22 と補題 2.23 より

$$\begin{aligned}
i_p(F \cap G) &= i_p(F \cap (G'C)) = i_p(F \cap G') + i_p(F \cap C) \\
&= i_p(H \cap G') + i_p(F \cap G') - i_p(H \cap G') + i_p(F \cap C) \\
&= i_p((HF) \cap G') - i_p(H \cap G') + i_p(F \cap C) \\
&= i_p((\widetilde{Q}G' + R') \cap G') - i_p(H \cap G') + i_p(F \cap C) \\
&= i_p(R' \cap G') - i_p(H \cap G') + i_p(F \cap C)
\end{aligned}$$

が成り立つ．$H, C \in \mathbb{C}[X,Y]$ なので $\deg_Z H = \deg_Z C = 0$ である．また，$\deg_Z R' = \deg_Z \widetilde{R} = \deg_Z R$ だから，$\deg_Z R < \deg_Z G = \deg_Z G'$ より $\deg_Z R' < \deg_Z G'$ となる．よって帰納法の仮定より

$$\begin{aligned}
\#(F \cap G) &= \#(R' \cap G') - \#(H \cap G') + \#(F \cap C) \\
&= (\deg R')(\deg G') - (\deg H)(\deg G') + d \deg C \\
&= (d + \deg H)(\deg G') - (\deg H)(\deg G') + d \deg C \\
&= d(\deg G' + \deg C) = de
\end{aligned}$$

が得られた．特に，各点 $p \in \mathbb{P}^2$ において $i_p(F \cap G) < \infty$ である．

以上で，ベズーの定理が証明された．

▷ **例 2.28.**　$F(X,Y,Z) = X^3 + Y^3 - XYZ$, $G(X,Y,Z) = 5(X^2+Y^2) - 6XY - (X+Y)Z$ とする．

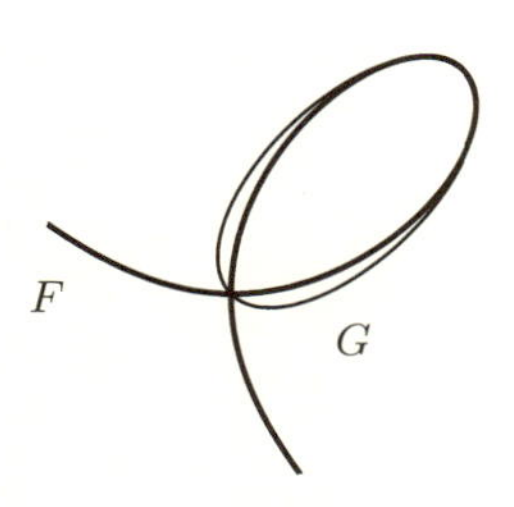

図 2.12　交点数

割り算を実行すると

$$F = \frac{XY}{X+Y}G + \frac{X^4 + Y^4 + 6X^2Y^2 - 4XY^3 - 4X^3Y}{X+Y}$$

分母を払って $(X+Y)F = XY\cdot G + X^4 + Y^4 + 6X^2Y^2 - 4XY^3 - 4X^3Y = XY\cdot G + (X-Y)^4$ となる．$X+Y$ と G は互いに素である．よって

$$\begin{aligned}
i_p(F\cap G) &= i_p((X+Y)F\cap G) - i_p((X+Y)\cap G)\\
&= i_p((XYG+(X-Y)^4)\cap G) - i_p((X+Y)\cap G)\\
&= i_p((X-Y)^4\cap(5(X-Y)^2+4XY-(X+Y)Z))\\
&\quad - i_p((X+Y)\cap((5(X+Y)-Z)(X+Y)-16XY))\\
&= 4i_p((X-Y)\cap(4XY-(X+Y)Z)) - i_p((X+Y)\cap XY)
\end{aligned}$$

$4XY-(X+Y)Z = 2Y(2X-Z)-(X-Y)Z$ なので $i_p((X-Y)\cap(4XY-(X+Y)Z)) = i_p((X-Y)\cap Y) + i_p((X-Y)\cap(2X-Z))$ だから，$p=(0:0:1),(1:1:2)$ のとき $i_p((X-Y)\cap(4XY-(X+Y)Z))=1$ である．同様に $i_p((X+Y)\cap XY) = i_p((X+Y)\cap X) + i_p((X+Y)\cap Y)$ だから，$p=(0:0:1)$ のとき $i_p((X+Y)\cap XY)=2$ となる．よって，$\mathsf{V}(F)\cap\mathsf{V}(G)$ は 2 点 $(0:0:1)$, $(1:1:2)$ で，局所交点数はそれぞれ 2, 4 である．

章末問題

2.1.　$f(x,y) = x^2y^3 - 6x^2y^2 - 2xy^3 - y^4 + 12x^2y + 12xy^2 + 9y^3 - 7x^2 - 24xy - 30y^2 + 14x + 44y - 23$ に対して，$f(x+1,y+2)$ を計算することによって $f(x,y)$ を点 $(1,2)$ の周りにテーラー展開せよ．また，f の $(1,2)$ における重複度を求めよ．

2.2.　2 つの平面 3 次曲線 $X^3+Y^3=Z^3$ と $X^3+Y^3+Z^3=3XYZ$ のすべての交点を通るような平面 3 次曲線のうちで，特異点をもつものをすべて求めよ．

2.3.　$d\geq 3$ とする．$F(X,Y,Z)=X^d+Y^d+Z^d$ で与えられるフェルマー d 次曲線について，変曲点の個数を求めよ．

2.4.　$F(X,Y,Z)=(X^2+Y^2)Z-4X^3$ に対して，そのヘッセ行列式 H_F を計算せよ．また，F とヘッセ曲線 H_F との各交点における局所交点数を求めよ．

2.5.　$F(X,Y,Z)=(X^2+Y^2)^3-4X^2Y^2Z^2$ と $G(X,Y,Z)=(X^2+Y^2)^2-3X^2YZ+Y^3Z$ の点 $(0:0:1)$ における局所交点数を求めよ．

第3章 3次曲線

平面 3 次曲線は，3 変数の三次斉次式

$$a_0X^3 + a_1Y^3 + a_2Z^3 + a_3X^2Y + a_4Y^2Z + a_5Z^2X \\ + a_6XY^2 + a_7YZ^2 + a_8ZX^2 + a_9XYZ = 0$$

で定まる．係数は a_0 から a_9 までの合計 10 個あるが，そのうち少なくとも 1 つは零でない．この章では，既約な平面 3 次曲線の方程式を，適当な射影変換を施すことによって標準化する．また，それを用いて変曲点の個数を数える．さらに，直線との交点を用いた加法を導入する．非特異な平面 3 次曲線の標準形は(少なくとも) 1 つの不定なパラメータを含み，そのことが事情を複雑にするが，他方で豊かな数学をもたらす要因になる．

3.1 標準形

可約な 3 次曲線が，次のいずれかになることは明らかだろう．

- 3 本の直線(図 3.1)

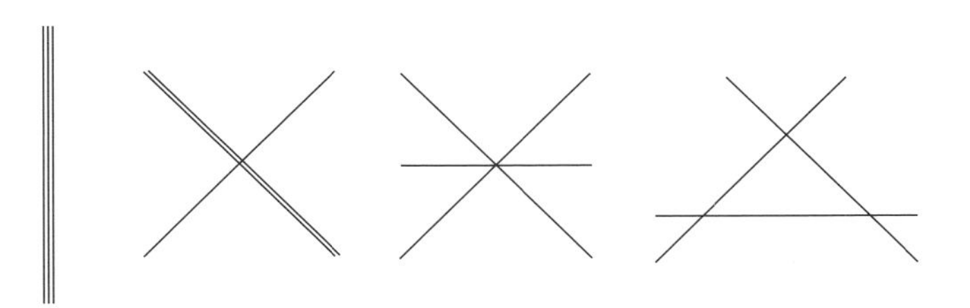

図 3.1　3 直線の配置

(a) 3重線，(b) 2重線と他の直線，(c) 1点で交わる3直線，(d) 異なる点で交わる3直線.

- 直線と既約2次曲線(図3.2)

(a) 直線は2次曲線の割線，(b) 直線は2次曲線の接線.

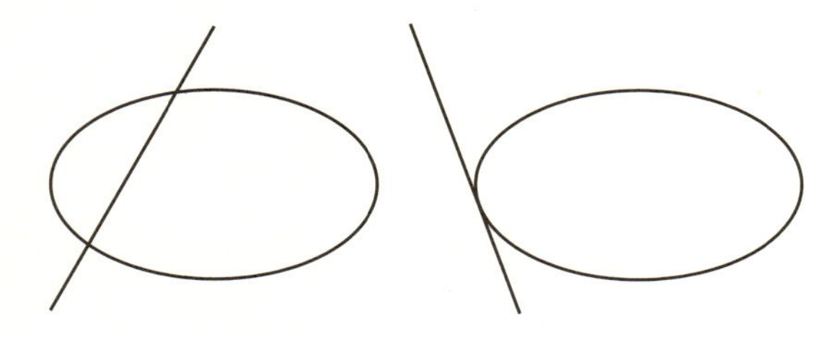

図 3.2　直線と2次曲線

この章では，これ以降，特に断らない限り，既約な平面3次曲線を考える．この節では，射影変換を用いて既約な平面3次曲線の標準形を求める．

補題 3.1.　既約な平面3次曲線は，少なくとも1つ変曲点をもつ．

《証明》　非特異な場合は，系2.15で示した．よって特異点pがあるとしてよい．既約なので，命題2.6より特異点をもてばそれは2重点であって，他には特異点はない．適当な射影変換を施すことにより，$p = (0:0:1)$で$f(x,y) = F(x,y,1)$の斉次2次部分$\varphi(x,y)$は

$$\text{(i)} \quad y^2 \text{ または (ii)} \quad xy$$

のいずれかであるとしてよい．$f(x,y)$の3次斉次部分を$\psi(x,y)$とすれば，$F = \varphi(X,Y)Z + \psi(X,Y)$である．よって(i), (ii)のそれぞれの場合にヘッセ行列式を計算すれば

$$\text{(i)} \quad H_F = \begin{vmatrix} \psi_{XX} & \psi_{XY} & 0 \\ \psi_{XY} & 2Z + \psi_{YY} & 2Y \\ 0 & 2Y & 0 \end{vmatrix} = -4Y^2\psi_{XX},$$

$$\text{(ii)} \quad H_F = \begin{vmatrix} \psi_{XX} & Z + \psi_{XY} & Y \\ Z + \psi_{XY} & \psi_{YY} & X \\ Y & X & 0 \end{vmatrix}$$

$$= 2XY(Z + \psi_{XY}) - X^2\psi_{XX} - Y^2\psi_{YY}$$
$$= 4XY(2Z + \psi_{XY}) - 6F$$

となる．ただし，補題 2.2 と同様に示される恒等式 $X^2\psi_{XX} + 2XY\psi_{XY} + Y^2\psi_{YY} = 6\psi$ を用いた．

さて，$\psi(X, Y) = a_0X^3 + a_1X^2Y + a_2XY^2 + a_3Y^3$ とおく．F は既約なので，ψ は Y で割り切れない．したがって，$\psi(X, 0) \neq 0$ すなわち $a_0 \neq 0$ である．(ii) の場合は ψ は X でも割り切れないから，$a_3 \neq 0$ も成り立つ．

(i): 点 $(-a_1 : 3a_0 : -\frac{\psi(-a_1, 3a_0)}{9a_0^2})$ は直線 $\psi_{XX} = 6a_0X + 2a_1Y$ と F の交点なので，$(0 : 0 : 1)$ とは異なる F と H_F の交点を与える．

(ii): $\psi(X, Y) - (a_1X + a_2Y)XY = a_0X^3 + a_3Y^3 = \prod_{i=1}^{3}(\alpha_iX - \beta_iY)$ とおく．$a_0 \neq 0$ かつ $a_3 \neq 0$ なので，α_i も β_i も零ではない．点 $(\beta_i, \alpha_i, -(a_1\beta_i + a_2\alpha_i))$ は，直線 $2Z + \psi_{XY} = 2(Z + a_1X + a_2Y)$ と F の交点なので，$(0 : 0 : 1)$ とは異なる F と H_F の交点を与える． □

さて，F の 1 つの変曲点に着目する．適当な射影変換を施すことにより，その変曲点は $(0 : 1 : 0)$ であって，その点における F の接線は $\mathsf{V}(Z)$ であるとしてよい．$F(X, Y, Z) = F(X, Y, 0) + Z \cdot F_0(X, Y, Z)$ と書き直すとき，$\mathsf{V}(Z)$ は変曲点 $(0 : 1 : 0)$ における接線なので $F(X, 1, 0)$ は X^3 で割り切れなければならない．したがって，補題 2.13 と同様に，適当な係数 $a_i \in \mathbb{C}$ を用いて

$$F(X, Y, Z) = a_0X^3 + Z(a_1Y^2 + a_2XY + a_3YZ + a_4X^2 + a_5XZ + a_6Z^2)$$

と書けることがわかる．このとき，F の既約性から $a_0 \neq 0$ であり，また，$(0 : 1 : 0)$ は F の単純点だから $a_1 \neq 0$ である．F と $F/(-a_0)$ は同じ 3 次曲線を定めるので，最初から $a_0 = -1$ としてよい．

$$a_1Y^2 + (a_2X + a_3Z)Y + a_4X^2 + a_5XZ + a_6Z^2$$
$$= a_1\left(Y + \frac{a_2X + a_3Z}{2a_1}\right)^2 - \frac{1}{4a_1}(a_2X + a_3Z)^2 + a_4X^2 + a_5XZ + a_6Z^2$$

なので，

$$\overline{X} = X,\ \overline{Y} = \sqrt{a_1}\left(Y + \frac{a_2X + a_3Z}{2a_1}\right),\ \overline{Z} = Z$$

という射影変換によって $F(X,Y,Z)$ は

$$F_1(\overline{X},\overline{Y},\overline{Z}) = \overline{Y}^2\overline{Z} - G(\overline{X},\overline{Z}) \tag{3.1}$$

という形になる．ただし，$G(\overline{X},\overline{Z}) = \overline{X}^3 + b_1\overline{X}^2\overline{Z} + b_2\overline{X}\overline{Z}^2 + b_3\overline{Z}^3$ である．新しい斉次座標 $(\overline{X}:\overline{Y}:\overline{Z})$ でも，着目していた変曲点の座標は変わらず $(0:1:0)$ であり，接線は $\mathsf{V}(\overline{Z})$ である．

補題 3.2.　上のような F_1 が特異点をもつための必要十分条件は，三次方程式 $G(x,1) = x^3 + b_1x^2 + b_2x + b_3 = 0$ が重根をもつことである．

《証明》　方程式 $F_1(\overline{X},\overline{Y},\overline{Z}) = 0$ において $\overline{Z} = 0$ とすると，$\overline{X} = 0$ となるので，$\overline{Z}$ 座標が零であるような F_1 の点は変曲点 $(0:1:0)$ のみである．これは F_1 の単純点だったから，$\overline{Z} \neq 0$ の場合を考えれば十分である．$x = \overline{X}/\overline{Z}$, $y = \overline{Y}/\overline{Z}$, $f(x,y) = F_1(x,y,1)$ とおくと，$f(x,y) = y^2 - g(x)$ である．ただし，$g(x) = G(x,1) = x^3 + b_1x^2 + b_2x + b_3$ とおいた．

さて，点 (a,b) が特異点であるための必要十分条件は，$f(a,b) = f_x(a,b) = f_y(a,b) = 0$ である．$f_x = -g'$, $f_y = 2y$ なので，この条件を書き直せば，$y = g(x) = g'(x) = 0$ となる．すなわち，$g(x) = 0$ と $g'(x) = 0$ の共通根 α があれば，点 $(\alpha:0:1)$ は F_1 の特異点であり，逆に，特異点があればその $\overline{Y}$ 座標は零でなければならず，$\overline{Z}$ 座標が 1 のときの $\overline{X}$ 座標 α は $g(\alpha) = g'(\alpha) = 0$ をみたす．$g(x) = g'(x) = 0$ が共通根 α をもつことは，α が $g(x) = 0$ の重根であることと同値である．□

(A) 特異点をもつ場合

補題 3.2 を手がかりにして，特異点をもつ既約 3 次曲線の標準形を求めよう．特異点の斉次座標は $(\alpha:0:1)$ で，α は三次方程式 $G(x,1) = 0$ の重根である．α が 2 重根で 3 重根ではないときには α とは異なる根 β があるから，次の 2 つの場合を考えればよい．

(I) $G(\overline{X},\overline{Z}) = (\overline{X} - \alpha\overline{Z})^2(\overline{X} - \beta\overline{Z})$, $\beta \neq \alpha$.

(II) $G(\overline{X},\overline{Z}) = (\overline{X} - \alpha\overline{Z})^3$.

$\beta = \alpha$ の場合も含めて，$F_1(\overline{X},\overline{Y},\overline{Z}) = \overline{Y}^2\overline{Z} - (\overline{X} - \alpha\overline{Z})^2(\overline{X} - \beta\overline{Z})$ と書く．ここで，$\beta \neq \alpha$ のとき

$$\widetilde{X}=\overline{X}-\alpha\overline{Z},\ \widetilde{Y}=\frac{\overline{Y}}{\sqrt{\beta-\alpha}},\ \widetilde{Z}=(\beta-\alpha)\overline{Z},$$

$\beta=\alpha$ のときは

$$\widetilde{X}=\overline{X}-\alpha\overline{Z},\ \widetilde{Y}=\overline{Y},\ \widetilde{Z}=\overline{Z}$$

とおけば，これらによって $F_1(\overline{X},\overline{Y},\overline{Z})$ は，$\beta\neq\alpha$ のとき $F_2(\widetilde{X},\widetilde{Y},\widetilde{Z})=\widetilde{Y}^2\widetilde{Z}-\widetilde{X}^2(\widetilde{X}-\widetilde{Z})$ に，$\beta=\alpha$ のときは $F_2(\widetilde{X},\widetilde{Y},\widetilde{Z})=\widetilde{Y}^2\widetilde{Z}-\widetilde{X}^3$ に変換される．

以上より，次が得られた．

定理 3.3. 特異点をもつ既約な平面 3 次曲線の方程式は，適当な射影変換によって次のいずれかに変換できる．

(I) $Y^2Z=X^2(X-Z)$, (II) $Y^2Z=X^3$.

どちらの方程式で定義された曲線でも，点 $(0:1:0)$ は変曲点であり，その点における接線は $Z=0$ である．また，点 $(0:0:1)$ がただ 1 つの特異点である．それは，(I) ならば結節点であり，(II) ならば単純尖点である．したがって，$(0:0:1)$ における異なる接線の本数が違うから，どんな射影変換を施しても一方が他方に写ることはない．すなわち，(I) と (II) は決して射影同値にはならない．

▷ **注意 3.4.** (1) 特異点をもつ既約 3 次曲線の場合には，変曲点の存在を仮定せずに，命題 2.6 (2) の証明にあるような表示 $f_2(X,Y)Z+f_3(X,Y)$ から始めても，簡単な式変形で上のような標準形を導くことができる．各自試みよ．

(2) 写像 $\mathbb{P}^1\ni(u:v)\to(u^2v+v^3:u^3+uv^2:v^3)\in\mathbb{P}^2$ の像は $Y^2Z=X^2(X-Z)$ であり，2 点 $(\pm\mathrm{i}:1)$ が $(0:0:1)$ に写像される他は，像の上に 1 対 1 である．また，写像 $\mathbb{P}^1\ni(u:v)\to(u^2v:u^3:v^3)\in\mathbb{P}^2$ は像 $Y^2Z=X^3$ の上に 1 対 1 である．したがって，特異点をもつ既約 3 次曲線は，$\mathbb{P}^1$ とほぼ同じものである．より正確には，その特異点解消(あるいは正規化)が $\mathbb{P}^1$ と同型である．

(B) 特異点がない場合

既約平面 3 次曲線 F は非特異であるとする．このとき，補題 3.2 によれ

ば，三次方程式 $G(x,1)=0$ は異なる3つの根 e_1,e_2,e_3 をもつから，

$$F_1(\overline{X},\overline{Y},\overline{Z})=\overline{Y}^2\overline{Z}-(\overline{X}-e_1\overline{Z})(\overline{X}-e_2\overline{Z})(\overline{X}-e_3\overline{Z})$$

という形になる．したがって，射影変換

$$\widetilde{X}=\overline{X}-e_1\overline{Z},\ \widetilde{Y}=\frac{\overline{Y}}{\sqrt{e_2-e_1}},\ \widetilde{Z}=(e_2-e_1)\overline{Z}$$

によって，$F_2(\widetilde{X},\widetilde{Y},\widetilde{Z})=\widetilde{Y}^2\widetilde{Z}-\widetilde{X}(\widetilde{X}-\widetilde{Z})(\widetilde{X}-\lambda\widetilde{Z})$ に変換される．ただし

$$\lambda=\frac{e_3-e_1}{e_2-e_1} \tag{3.2}$$

である．これは，4点 e_3,e_2,e_1,∞ の**複比**に他ならない(cf. 問題 1.4)．容易に確かめられるように，e_1,e_2,e_3 を入れ替えると，複比の値は

$$T_\lambda=\left\{\lambda,\ 1-\lambda,\ \frac{1}{\lambda},\ 1-\frac{1}{\lambda},\ \frac{1}{1-\lambda},\ \frac{\lambda}{\lambda-1}\right\},\quad (\lambda\neq 0,1) \tag{3.3}$$

に属するいずれかの数になる．$\lambda\neq -1,1/2,2,-\omega,-\omega^2$ のときには，T_λ は異なる6つの数からなることが確かめられる (ただし，$\omega=(1+\sqrt{-3})/2$)．他方，$\lambda=1/2,-1,2$ のときは $T_\lambda=\{-1,1/2,2\}$ であり，$\lambda=-\omega,-\omega^2$ のときは $T_\lambda=\{-\omega,-\omega^2\}$ である．いずれにせよ，e_1,e_2,e_3 の役割を変更することによって，F_2 に現れる λ は T_λ の元に置き換わるはずである．実際，下の左に示す射影変換によって，F_2 の λ が $\rightsquigarrow$ 印の右のものに置き換わる．

- $\widetilde{X}=\overline{X}-e_1\overline{Z},\ \widetilde{Y}=\dfrac{\overline{Y}}{\sqrt{e_3-e_1}},\ \widetilde{Z}=(e_3-e_1)\overline{Z}\ \rightsquigarrow \dfrac{1}{\lambda}.$
- $\widetilde{X}=\overline{X}-e_2\overline{Z},\ \widetilde{Y}=\dfrac{\overline{Y}}{\sqrt{e_3-e_2}},\ \widetilde{Z}=(e_3-e_2)\overline{Z}\ \rightsquigarrow \dfrac{1}{1-\lambda}.$
- $\widetilde{X}=\overline{X}-e_2\overline{Z},\ \widetilde{Y}=\dfrac{\overline{Y}}{\sqrt{e_1-e_2}},\ \widetilde{Z}=(e_1-e_2)\overline{Z}\ \rightsquigarrow 1-\lambda.$
- $\widetilde{X}=\overline{X}-e_3\overline{Z},\ \widetilde{Y}=\dfrac{\overline{Y}}{\sqrt{e_1-e_3}},\ \widetilde{Z}=(e_1-e_3)\overline{Z}\ \rightsquigarrow 1-\dfrac{1}{\lambda}.$
- $\widetilde{X}=\overline{X}-e_3\overline{Z},\ \widetilde{Y}=\dfrac{\overline{Y}}{\sqrt{e_2-e_3}},\ \widetilde{Z}=(e_2-e_3)\overline{Z}\ \rightsquigarrow \dfrac{\lambda}{\lambda-1}.$

定理 3.5 （**ルジャンドル** (Legendre) **の標準形**）. 非特異な平面 3 次曲線の方程式は，適当な射影変換によって

$$Y^2Z = X(X-Z)(X-\lambda Z) \tag{3.4}$$

の形になる．ただし $\lambda \in \mathbb{C} \setminus \{0,1\}$ である．また，T_λ を (3.3) の集合とすれば，$\mu \in T_\lambda$ のとき，そのときに限って $Y^2Z = X(X-Z)(X-\mu Z)$ と $Y^2Z = X(X-Z)(X-\lambda Z)$ は射影同値である．

《証明》 最後の主張を除けば，すでに示した通りである．2 つの標準形が射影同値のとき $\mu \in T_\lambda$ となることは，次節の命題 3.13 において示す． □

ルジャンドルの標準形には未定のパラメータ λ が残っていて，標準形を導く射影変換を取り替えると変わってしまう．これでは不都合なので，λ が (3.3) の T_λ のどの元に置き換わっても不変な量を見つけたい．そこで，T_λ の元を λ の有理式と見なして，それら 6 式の基本対称式を考える．すべて加えたもの，すなわち 1 次の基本対称式は残念ながら 3 で定数だが，異なる 2 つを掛けてから総和をとった 2 次の基本対称式は非自明であり

$$-\frac{\lambda^6 - 3\lambda^5 + 5\lambda^3 - 3\lambda + 1}{\lambda^2(\lambda-1)^2}$$

となる．これを -1 倍してから 6 を加えると

$$\frac{(\lambda^2 - \lambda + 1)^3}{\lambda^2(\lambda-1)^2}$$

のように整理される．この式は，作り方から T_λ に現れる 6 つの有理式の対称式であり，それらをどのように入れ替えても不変である．すなわち，有理関数

$$j(x) = 2^8 \frac{(x^2 - x + 1)^3}{x^2(x-1)^2} \tag{3.5}$$

に対して

$$j(x) = j(1-x) = j\left(\frac{1}{x}\right) = j\left(1 - \frac{1}{x}\right) = j\left(\frac{1}{1-x}\right) = j\left(\frac{x}{x-1}\right)$$

が成り立つ．よって $\mu \in T_\lambda$ ならば $j(\mu)=j(\lambda)$ である．逆に，0でも1でもない2つの複素数 λ,μ に対して $j(\lambda)=j(\mu)$ が成り立てば，

$$\frac{(\lambda^2-\lambda+1)^3}{\lambda^2(\lambda-1)^2}=\frac{(\mu^2-\mu+1)^3}{\mu^2(\mu-1)^2}$$
$$\Rightarrow (\mu-\lambda)(\mu+\lambda-1)(\lambda\mu-1)(\lambda\mu-\lambda+1)(\lambda\mu-\mu+1)(\lambda\mu-\mu-\lambda)=0$$

なので，$\mu \in T_\lambda$ となる．

以上より，値 $j(\lambda)$ は，ルジャンドルの標準形におけるパラメータ λ の現れかたに依らない一定値であり，F の射影同値類に付随する数量であると考えることができる．これを $j(F)$ と書いて，非特異3次曲線 F の j **不変量**と呼ぶ．λ は $0,1$ を除く任意の複素数で構わないので，j 不変量はすべての複素数値をとり得る．定理 3.5 より，次がわかった．

定理 3.6.　2つの非特異平面3次曲線 F, F' が射影同値であるための必要十分条件は，$j(F)=j(F')$ である．

さて，ルジャンドルの標準形において，λ を 0, 1, ∞ のそれぞれに近づけたときの極限がどうなるかを調べてみよう．同じ3次曲線の異なる表現 $Y^2Z=X(X-Z)(X-\lambda Z)$, $Y^2Z=X(X-Z)(X-(1/\lambda)Z)$, $Y^2Z=X(X-Z)(X-(1-\lambda)Z)$ を考えれば，$\lambda\to 0$ の場合を調べればあとは同じであることがわかる．そこで，$Y^2Z=X(X-Z)(X-\lambda Z)$ において $\lambda\to 0$ として見れば，$Y^2Z=X^2(X-Z)$ が得られる．これは結節点をもつ既約3次曲線の標準形に他ならない．また，$\lambda\to 0$ のとき $j(\lambda)\to\infty$ となる．すなわち，結節点をもつ既約3次曲線の j 不変量は ∞ であると考えることができる．

補題 3.7.　ルジャンドルの標準形 (3.4) において，λ を 0, 1, ∞ のいずれかに近づけるとき，対応する非特異3次曲線は，結節点をもつ既約3次曲線に近づく．

非特異な場合は，別の形の標準形も後述するように大変重要な意味をもつ．(3.1) 式において $G(\overline{X},\overline{Z})$ を，

$$\widetilde{X}=\overline{X}+\frac{b_1}{3}\overline{Z}$$

を用いて書き換えれば，$\widetilde{X}$ の 2 次の項がなくなり，$\widetilde{X}^3 + c_2\widetilde{X}\overline{Z}^2 + c_3\overline{Z}^3$ という形になる．その後，$\widetilde{X} = 2\widetilde{X}'$, $\overline{Y} = \widetilde{Y}'$, $\overline{Z} = 2\widetilde{Z}'$ と変換すれば，標準形

$$Y^2Z = 4X^3 - g_2XZ^2 - g_3Z^3 \tag{3.6}$$

が得られる．これを**ワイエルシュトラス** (Weierstraß) **の標準形**という．

補題 3.8. ワイエルシュトラスの標準形において，$g_2^3 - 27g_3^2 \neq 0$ である．

《証明》 非特異なので，三次方程式 $4x^3 - g_2x - g_3 = 0$ は異なる 3 つの根 e_1, e_2, e_3 をもつ．根と係数の関係より

$$\begin{cases} \sigma_1 := e_1 + e_2 + e_3 = 0, \\ \sigma_2 := e_1e_2 + e_2e_3 + e_3e_1 = -g_2/4, \\ \sigma_3 := e_1e_2e_3 = g_3/4 \end{cases}$$

である．このとき対称式 $\Delta = (e_1 - e_2)^2(e_1 - e_3)^2(e_2 - e_3)^2$ を基本対称式 σ_i を用いて表示すれば，

$$\Delta = \sigma_1^2\sigma_2^2 + 18\sigma_1\sigma_2\sigma_3 - 4\sigma_2^3 - 4\sigma_1^3\sigma_3 - 27\sigma_3^2 = (g_2^3 - 27g_3^2)/16$$

となる．e_1, e_2, e_3 がどの 2 つも異なるための必要十分条件は $(e_1 - e_2)(e_1 - e_3)(e_2 - e_3) \neq 0$ なので，$g_2^3 - 27g_3^2 \neq 0$ である． □

ちなみに，ワイエルシュトラスの標準形で j 不変量を計算すると，

$$j = \frac{12^3 g_2^3}{g_2^3 - 27g_3^2} \tag{3.7}$$

となる．実際，(3.2) で定まる λ について，補題 3.8 の証明にある根と係数の関係を用いて直接計算すれば

$$\lambda^2 - \lambda + 1 = \frac{3g_2}{4(e_1 - e_2)^2},$$

$$(\lambda + 1)(\lambda - 2)(2\lambda - 1) = \frac{27g_3}{4(e_1 - e_2)^3},$$

$$\lambda^2(1 - \lambda)^2 = \frac{g_2^3 - 27g_3^2}{16(e_1 - e_2)^6}$$

であることが確認できる．

3.2 変曲点の個数

前節で標準形を求めたので，それを使って，既約3次曲線の変曲点を調べよう．この節の目標は，次の定理を示すことである．

定理 3.9. 既約3次曲線の相異なる変曲点の個数は，尖点をもてば1，結節点をもてば3，非特異ならば9である．

まず，尖点をもつ既約3次曲線 $Y^2Z = X^3$ を考える．$F(X,Y,Z) = Y^2Z - X^3$ としてヘッセ行列式を求めると，

$$H_F = \begin{vmatrix} -6X & 0 & 0 \\ 0 & 2Z & 2Y \\ 0 & 2Y & 0 \end{vmatrix} = -24XY^2$$

となる．連立方程式 $F = H_F = 0$ の解を求める．$H_F = 0$ より $X = 0$ または $Y = 0$ である．もし $Y = 0$ ならば $F(X,0,Z) = -X^3$ より $X = 0$ となるが，$(0:0:1)$ は F の特異点 (尖点) だった．$Y \neq 0$ かつ $X = 0$ とすると，$F(0,Y,Z) = Y^2Z$ より $Z = 0$ である．よって $(0:1:0)$ は F の変曲点だが，これは既知である．よって，変曲点は1つである．

次に，結節点をもつ既約3次曲線を考える．$F(X,Y,Z) = Y^2Z - X^3 + X^2Z$ とおけば，

$$H_F = \begin{vmatrix} -6X + 2Z & 0 & 2X \\ 0 & 2Z & 2Y \\ 2X & 2Y & 0 \end{vmatrix} = -8(X^2 + Y^2)Z + 24XY^2$$

となる．$(X^2 + Y^2)Z = X^3$ を $H_F = 0$ に代入して，$-8X(X^2 - 3Y^2) = 0$ を得る．よって，$X = 0$ または $X^2 = 3Y^2$ である．$X = 0$ のときは $F(0,Y,Z) = Y^2Z$ より $Y = 0$ または $Z = 0$ が得られる．$(0:0:1)$ は F の特異点，$(0:1:0)$ は既知の変曲点である．$X \neq 0$ かつ $X^2 = 3Y^2$ のとき，$F(X,Y,Z) = 0$ より $Y^2(4Z - 3X) = 0$ である．したがって，$Z = (3/4)X$ を得る．よって $(12 : \pm 4\sqrt{3} : 9)$ が変曲点である．以上より変曲点の個数は3であることがわかる．

最後に，非特異 3 次曲線を考えよう．ルジャンドルの標準形 $F = Y^2Z - X(X-Z)(X-\lambda Z)$ で定義される非特異平面 3 次曲線の変曲点が 9 個あることを見れば十分である．$(0:1:0)$ は既知の変曲点なので，残り 8 つを探すことになる．2 階の偏導関数は

$$\begin{aligned} &F_{XX} = -6X + 2(\lambda+1)Z, \quad F_{XY} = 0, \quad F_{XZ} = 2(\lambda+1)X - 2\lambda Z, \\ &F_{YY} = 2Z, \qquad\qquad\qquad\quad F_{YZ} = 2Y, \quad F_{ZZ} = -2\lambda X \end{aligned}$$

となるので，ヘッセ行列式は

$$H_F = \begin{vmatrix} -6X + 2(\lambda+1)Z & 0 & 2(\lambda+1)X - 2\lambda Z \\ 0 & 2Z & 2Y \\ 2(\lambda+1)X - 2\lambda Z & 2Y & -2\lambda X \end{vmatrix}$$

である．よって，$H = H_F/8$ とおけば

$$H = (\lambda XZ + Y^2)(3X - (\lambda+1)Z) - Z((\lambda+1)X - \lambda Z)^2$$

となる．

点 $(0:1:0)$ が F と H の交点であることは明らかなので，$Z \neq 0$ として調べればよい．$x = X/Z, y = Y/Z$ とおけば，連立方程式 $F = H = 0$ は

$$\begin{cases} y^2 - x(x-1)(x-\lambda) = 0, \\ (\lambda x + y^2)(3x - (\lambda+1)) - ((\lambda+1)x - \lambda)^2 = 0 \end{cases}$$

となる．そこで，$y^2 = x(x-1)(x-\lambda)$ を第 2 式に代入して y^2 を消去すると，

$$\varphi(x) := 3x^4 - 4(\lambda+1)x^3 + 6\lambda x^2 - \lambda^2 = 0$$

となる．この四次方程式が $0, 1, \lambda$ とは異なる 4 根をもてば，それぞれに対応する y の値は 2 つあるから，計 8 個の交点が求まる．

さて，$\varphi(x) = 0$ が重根 α をもつための条件は，$\varphi(\alpha) = \varphi'(\alpha) = 0$ である．$\varphi'(x) = 12x^3 - 12(\lambda+1)x^2 + 12\lambda x = 12x(x-1)(x-\lambda)$ より $\varphi'(x) = 0$ の根は $0, 1, \lambda$ だが，

$$\varphi(0) = -\lambda^2,$$

$$\varphi(1) = -\lambda^2 + 2\lambda - 1 = -(\lambda - 1)^2,$$
$$\varphi(\lambda) = -\lambda^4 + 2\lambda^3 - \lambda^2 = -\lambda^2(\lambda - 1)^2$$

だから，$\lambda \neq 0, 1$ より $0, 1, \lambda$ は $\varphi(x) = 0$ の根ではない．すなわち，$\varphi(\alpha) = \varphi'(\alpha) = 0$ をみたす α は存在しないから，$\varphi(x) = 0$ は $0, 1, \lambda$ のいずれとも異なる4つの単根 $\alpha_1, \alpha_2, \alpha_3, \alpha_4$ をもつことがわかった．その各 α_i に対して対応する y の値は $\pm\sqrt{\alpha_i(\alpha_i - 1)(\alpha_i - \lambda)}$ の2つである．こうして得られた8点 $(\alpha_i : \pm\sqrt{\alpha_i(\alpha_i - 1)(\alpha_i - \lambda)} : 1)$ $(i = 1, 2, 3, 4)$ に $(0 : 1 : 0)$ を加えた合計9点が F の変曲点である．

▷ **注意 3.10.**　非特異3次曲線が異なる9個の変曲点をもつことは，有名な事実である．上に与えた証明は初等的だが，煩雑な計算を避けるために扱う数式を簡単(標準形)にする必要があった．そこで，標準形を経由せずに，局所交点数を用いた証明を紹介する．定理 2.14 (4) を非特異3次曲線 F の変曲点 p に適用すると，$i_p(F \cap T_pF) = 3$ なので，$i_p(H_F \cap T_pF) = 1$ となる．このことから，p は H_F の単純点でもあって，T_pF は H_F の接線でないことがわかる(補題 2.7)．したがって，F と H_F は p において正規交差していて $i_p(F \cap H_F) = 1$ である(cf. 命題 5.10)．ベズーの定理より $\#(F \cap H_F) = 9$ なので，F と H_F の交点すなわち F の変曲点はちょうど9個存在することになる．

命題 3.11.　p, q を既約な平面3次曲線 F の相異なる変曲点とし，この2点を結ぶ線分 $L = \overline{pq}$ を考える．このとき $L \cap F = \{p, q, r\}$ とおけば，r も変曲点である．

《証明》　尖点をもつ場合は変曲点が1つしかないので，除外する．$p = (0 : 1 : 0)$ としてルジャンドルの標準形 $Y^2Z = X(X - Z)(X - \lambda Z)$ が得られたとしてよい．ただし，結節点をもつ場合は $\lambda = 0$ の場合だと考える．$q = (a : b : c)$ とおく．F 上には p を除いて Z 座標が0である点はないから，$c \neq 0$ である．また，$b \neq 0$ である．なぜなら，直線 $\mathsf{V}(Y)$ と F との交点は $(0 : 0 : 1)$, $(1 : 0 : 1)$, $(\lambda : 0 : 1)$ だが，これらの点における F の接線は $(0 : 1 : 0)$ を通るため，これら3点は変曲点ではあり得ないからである．さて，$\overline{pq}$ の方程式は $cX - aZ = 0$ だから，r を求めるには q の Y 座標の符号を変えればよい．すなわち $r=(a:-b:c)\in L\cap F$ である．F は x 軸 $\mathsf{V}(Y)$ に関して対称(すなわち，射影変換 $(X:Y:Z)\to(X:-Y:Z)$ に対して不変)だから，q が変曲点ならば r も変曲点であることは明らかである．

[別証]　曲線 F において，p の十分近くに 2 点 p_1,q_1 を，q の近くに p_2,q_2 をとり，$L_1=\overline{p_1p_2}$, $L_2=\overline{q_1,q_2}$ とおく．L_1 と F の第 3 の交点を p_3, L_2 と F の第 3 の交点を q_3 とし，$\overline{p_iq_i}$ と F の第 3 の交点を r_i とおく．このとき，系 2.20 より 3 点 r_1,r_2,r_3 は共線である．

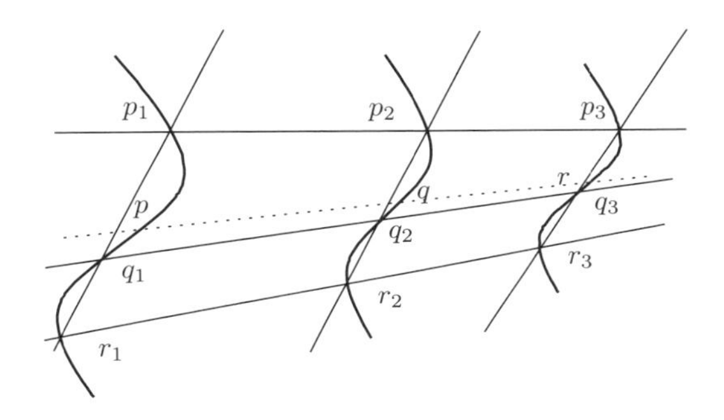

図 3.3

ここで，p_1 と q_1 を p に近づけ，p_2 と q_2 を q に近づける．すると，$\overline{p_iq_i}$ は p,q,r における接線に近づく．p,q が変曲点であることから，r_1 は p に近づき，r_2 は q に近づく．よって r_3 は p_3,q_3 とともに r に近づくから，r も変曲点である．　□

$Y^2Z=X(X-Z)(X-\lambda Z)$ で定まる曲線を F_λ と書く．

系 3.12.　F を非特異な平面 3 次曲線とし，p,q をその相異なる変曲点とする．このとき，F を F に写す射影変換 $\Phi:\mathbb{P}^2\to\mathbb{P}^2$ で，$\Phi(p)=q$ となるものが存在する．

《証明》　$\overline{pq}$ と F の第 3 の交点を r とすれば，r は F の変曲点である．このとき $\Psi(r)=(0:1:0)$ かつ $\Psi(F)=F_\lambda$ となる射影変換 Ψ と $\lambda\in\mathbb{C}$ が存在する．このとき，上の補題の証明で見たように $\Psi(p)$ と $\Psi(q)$ は Y 座標の符号が逆なだけである．よって射影変換 ι を $(X:Y:Z)\to(X:-Y:Z)$ で定めれば，$\iota(\Psi(p))=\Psi(q)$ となる．よって合成変換 $\Psi^{-1}\circ\iota\circ\Psi$ を Φ とすれ

ばよい． □

いよいよ定理 3.5 の証明を完結させることができる．

命題 3.13. ルジャンドルの標準形で定義された2つの非特異平面3次曲線 F_λ と F_μ に対して，$\Phi(F_\lambda) = F_\mu$ となるような射影変換 Φ が存在すれば，$\mu \in T_\lambda$ である (cf. (3.3))．

《証明》 $p = (0:1:0)$ は F_λ の変曲点なので，$\Phi(p)$ は F_μ の変曲点である．p は F_μ の変曲点でもあるので，もし $\Phi(p) \neq p$ ならば，系 3.12 より，F_μ を F_μ に写し $\Phi(p)$ を p に写す射影変換 Ψ が存在する．すると，合成変換 $\Psi \circ \Phi$ は，F_λ を F_μ に写し，p を p に写す．したがって，必要ならば Φ の代わりに $\Psi \circ \Phi$ を考えることによって，最初から $\Phi(p) = p$ であるとしてよい．このとき，変曲点 p における F_λ, F_μ の接線は共に $\mathsf{V}(Z)$ だから，Φ によって $\mathsf{V}(Z)$ はそれ自身に写される．

さて，p を通り F_λ に接する直線は，$\mathsf{V}(Z)$ の他に $\mathsf{V}(X), \mathsf{V}(X-Z), \mathsf{V}(X-\lambda Z)$ の3本あって，これらの接点はそれぞれ $p_1 = (0:0:1), p_2 = (1:0:1), p_3 = (\lambda:0:1)$ であり，すべて直線 $\mathsf{V}(Y)$ 上にある．F_μ についても同様である．$\Phi(F_\lambda) = F_\mu$ かつ $\Phi(p) = p$ なので，点 p を通る F_λ の接線の Φ による像は，点 p を通る F_μ の接線となる．すると，それらの3つの接点を通る直線は $\mathsf{V}(Y)$ なので，Φ によって $\mathsf{V}(Y)$ も自分自身に写り，F_λ に対する接点の集合 $\{(0:0:1), (1:0:1), (\lambda:0:1)\}$ は，F_μ に対する接点の集合 $\{(0:0:1), (1:0:1), (\mu:0:1)\}$ に1対1に写像される．また，Φ は2直線 $\mathsf{V}(Y), \mathsf{V}(Z)$ をそれぞれ自分自身に写すから，2直線の交点 $\infty = (1:0:0)$ は Φ によって不変である．すなわち Φ は

$$\begin{pmatrix} a_{11} & a_{12} & a_{13} \\ 0 & a_{22} & 0 \\ 0 & 0 & a_{33} \end{pmatrix}, \quad (a_{11}a_{22}a_{33} \neq 0)$$

という形の正則行列で与えられる射影変換である．

Φ を $\mathsf{V}(Y)$ に制限すれば，$\{0, 1, \lambda\}$ を $\{0, 1, \mu\}$ に写し，$\infty = (1:0)$ を固定する $\mathbb{P}^1$ の射影変換になる．実際，$\mathsf{V}(Y)$ は $(X:Z)$ を斉次座標とする射影直線 $\mathbb{P}^1$ と見なせるが，このとき $\Phi|_{\mathsf{V}(Y)}$ は行列 $\begin{pmatrix} a_{11} & a_{13} \\ 0 & a_{33} \end{pmatrix}$ で与えられる．

$x = X/Z$ とおけば $\Phi|_{\mathrm{V}(Y)}$ はアフィン変換 $x \mapsto (a_{11}/a_{33})x + a_{13}/a_{33}$ である．さて，$\Phi(p_1), \Phi(p_2), \Phi(p_3)$ は $0, 1, \mu$ の置換だが，容易に確かめられるようにアフィン変換で複比は不変なので $\lambda = (\lambda, 1; 0, \infty) = (\Phi(p_3), \Phi(p_2); \Phi(p_1), \infty)$ が成立する．よって $\lambda \in T_\mu$ である． □

3.3 群 構 造

F を既約な平面 3 次曲線とし，F° によってその単純点全体の集合を表す．この節では，F° に加法を定義し，群の構造を導入する．念のため，群の定義を思い出しておこう．

群

集合 G に演算 $\cdot$ が定義されていて，次の 3 つの条件をみたすとき，組 $(G, \cdot)$ あるいは単に G を**群** (group) であるという．

1. (結合法則) 任意の $\rho, \sigma, \tau \in G$ に対して，$\rho \cdot (\sigma \cdot \tau) = (\rho \cdot \sigma) \cdot \tau$ が成り立つ．
2. (単位元の存在) 任意の $\rho \in G$ に対して $\rho \cdot \varepsilon = \varepsilon \cdot \rho$ が成り立つような $\varepsilon \in G$ が存在する (ε を**単位元**という)．
3. (逆元の存在) 任意の $\rho \in G$ に対して，$\rho \cdot \sigma = \sigma \cdot \rho = \varepsilon$ となる $\sigma \in G$ が存在する (σ を ρ の**逆元**といい通常は ρ^{-1} で表す)．

さらに，任意の $\rho, \sigma \in G$ に対して $\rho \cdot \sigma = \sigma \cdot \rho$ が成立するとき，G を**可換群** (あるいは**アーベル群**) と呼ぶ．この場合，演算 $\cdot$ を $+$ と書いて，G を**加法群**と呼ぶこともある．

2 つの群 G, G' の間の写像 $f : G \to G'$ が群の準同型写像であるとは，任意の $\rho, \sigma \in G$ に対して $f(\rho \cdot \sigma) = f(\rho) \cdot f(\sigma)$ が成り立つことである．全単射であるような準同型写像を同型写像という．

ベズーの定理から，直線と F は重複を込めて 3 点で交わる．$p, q \in F^\circ$ に対し，直線 $\overline{pq}$ と F との第 3 の交点を r とし，$r = p * q$ と表す．もちろん $r = q * p$ でもある．ただし，$p = q$ の場合には，$\overline{pq}$ は p における F の接線を意味するものと約束する．補題 2.7 とベズーの定理より，既約平面 3 次曲線に対して 2 つの単純点を通る直線が特異点を通ることはないから，$r \in F^\circ$

である．

点 $o \in F^\circ$ を固定し，$p, q \in F^\circ$ に対して

$$p \oplus q = o * (p * q)$$

とおく．このとき，$p \oplus q = q \oplus p$ であることや $p \oplus o = o \oplus p = p$ が成立することは，明らかである．

定理 3.14.　F° は演算 $\oplus$ によって加法群になる．o とは異なる点 $o' \in F^\circ$ をとり $p \oplus' q = o' * (p * q)$ とおくと，$(F^\circ, \oplus)$ と $(F^\circ, \oplus')$ は群として同型である．

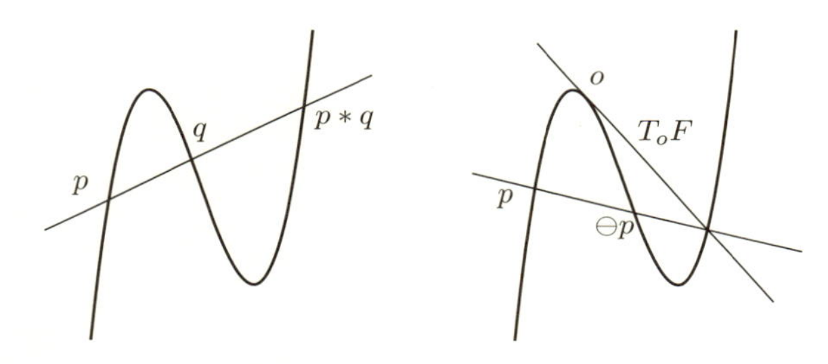

図 3.4　逆元

《証明》　p の逆元の存在は，図 3.4 から明らかである．すなわち，o における接線と F の第 3 の交点 s について，$p * s$ が p の加法逆元 $\ominus p$ である．

結合法則 $p \oplus (q \oplus r) = (p \oplus q) \oplus r$ が成立することを示そう．そのためには $p * (q \oplus r) = (p \oplus q) * r$ を示せばよい．左辺と右辺を計算するためには，下の表にある 8 点が必要である．

q	$p * q$	p
$q * r$	o	$q \oplus r$
r	$p \oplus q$	

表の各行，各列の 3 点(あるいは 2 点)は同一直線上にある．これら 8 点および $p * (q \oplus r)$ の合計 9 点はすべて異なると仮定して証明する．いくつかが接点になる場合は，こういう一般的な場合の極限と考えればよい．

$\overline{qr}$ を L_1, $\overline{o, p \oplus q}$ を L_2, $\overline{p, q \oplus r}$ を L_3 とおく．$L_1 L_2 L_3$ は 3 次曲線であり，直線 $\overline{pq}$ は $F \cap L_1 L_2 L_3$ の 9 交点のうち 3 点 $p, q, p * q$ を通っている．し

たがって，命題 2.19 より，残りの 6 点 $o, r, q*r, p\oplus q, q\oplus r, p*(q\oplus r)$ を通るような 2 次曲線 G が存在する．6 点のうち，例えば $o, q*r, q\oplus r$ は共線だから，G は既約ではあり得ず，2 つの直線の和集合となる．二直線は明らかに $\overline{o, q*r}$ と $\overline{r, p\oplus q}$ である．よって特に，$p*(q\oplus r)=(p\oplus q)*r$ が成立するから，$p\oplus(q\oplus r)=(p\oplus q)\oplus r$ が成立する．以上より，演算 $\oplus$ によって F° が可換群になることがわかった．

最後に，(F°, o) と (F°, o') が同型であることを示す．写像 $\varphi : F^\circ \to F^\circ$ を $\varphi(p)=o'\oplus p$ で定める．任意の $q\in F^\circ$ に対して，$p=(\ominus o')\oplus q$ とおけば，

$$\varphi(p)=o'\oplus((\ominus o')\oplus q)=(o'\oplus(\ominus o'))\oplus q=o\oplus q=q$$

となるから，φ は全射である．また，$\varphi(p)=\varphi(q)$ ならば，$o'\oplus p=o'\oplus q$ だから，両辺に $\ominus o'$ を加えることによって $p=q$ を得る．したがって φ は単射である．以上より φ は全単射だから，あとは群の準同型写像であることを示せばよい．そのために，まず $p\oplus q=o'\oplus(p\oplus' q)$ が成立することに注意する．これは図 3.5 から明らかであろう．
このとき，

$$\begin{aligned}\varphi(p\oplus q)&=o'\oplus(p\oplus q)=(o'\oplus p)\oplus((\ominus o')\oplus o')\oplus q\\&=\varphi(p)\oplus(\ominus o')\oplus\varphi(q)\\&=(\ominus o')\oplus\varphi(p)\oplus\varphi(q)\\&=(\ominus o')\oplus(o'\oplus(\varphi(p)\oplus'\varphi(q)))\end{aligned}$$

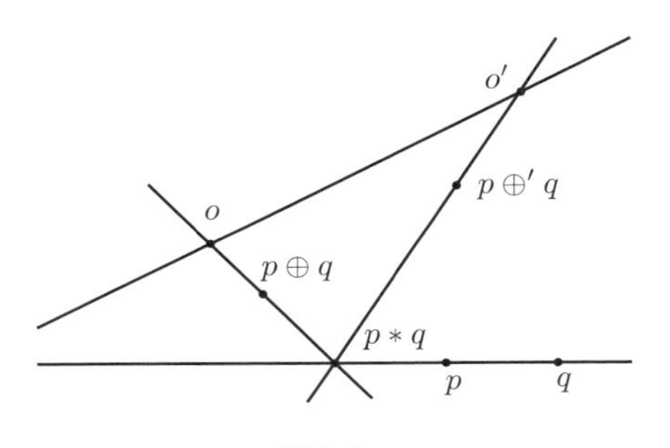

図 3.5

$$
\begin{aligned}
&= ((\ominus o') \oplus o') \oplus (\varphi(p) \oplus' \varphi(q)) \\
&= o \oplus \varphi(p) \oplus' \varphi(q) \\
&= \varphi(p) \oplus' \varphi(q)
\end{aligned}
$$

なので，φ は群の準同型写像である． □

▷ **注意 3.15.**　結合法則の証明の王道は，Fulton [2]にあるような Max Noether の定理を用いるものであろう．しかし，代数幾何学に馴染みのある読者には，次の論法のほうが受け入れやすいかも知れない．$a \oplus b = c$ というのは $a, b, a * b$ を通る直線 L と $o, a * b, c$ を通る直線 M が存在するということである．このとき一次式の商 L/M は F 上の有理関数を定めるが，その見かけ上の零点は $a, b, a * b$, 極は $o, a * b, c$ である．共通に現れる $a * b$ は相殺されてしまうので，零点は a, b で極は o, c となる．$(p \oplus q) \oplus r = s$ とおく．すると，今行ったばかりの考察から，零点が p, q で極が $o, p \oplus q$ である有理関数 f_1 と，零点が $p \oplus q, r$ で極が o, s である有理関数 f_2 が得られる．すると，積 $g = f_1 f_2$ の零点は p, q, r で極は $2o, s$ となる(ここに $2o$ は o が2位の極という意味である)．$p \oplus (q \oplus r) = s'$ についても同様に考えると，零点が p, q, r で極が $2o, s'$ の有理関数 h が得られる．このとき g/h の零点は s' で極は s である．$s' \neq s$ だと仮定して，g/h を F から $\mathbb{P}^1$ への写像だと考えれば，∞ の逆像が1点のみからなるので「同型写像」になってしまう．ところが F は $\mathbb{P}^1$ と同型ではないので，矛盾である．よって $s' = s$ でなければならない(もちろん F と $\mathbb{P}^1$ が同型でないことは別に示さなければならない)．

定理 3.14 によれば，加法単位元は F° 上のどんな点にしても構わないわけだが，以下では，

> 変曲点を1つ選んで，それを単位元 o と定める．

このようにすると，変曲点全体の集合は特別な意味をもつ．

命題 3.16.　既約3次曲線の変曲点全体の集合 $\mathcal{H}$ は，和 $\oplus$ について閉じていて，F° の部分群をなす．

(1) o でない変曲点 p の位数は3である．すなわち $p \neq o$, $p \oplus p \neq o$ だが

$p \oplus p \oplus p = o$ が成り立つ.

(2) F が非特異のとき $\mathcal{H} \simeq \mathbb{Z}/3\mathbb{Z} \oplus \mathbb{Z}/3\mathbb{Z}$ であり, F が結節点をもてば $\mathcal{H} \simeq \mathbb{Z}/3\mathbb{Z}$ である.

《証明》 F が尖点をもつ場合, 変曲点はただ1つなので $\mathcal{H} = \{o\}$ となり自明な部分群である. 以下, この場合は除外して考える.

$p, q \in \mathcal{H}$ に対して $p*q$ は変曲点である. o も変曲点だから, $p \oplus q = o*(p*q)$ も変曲点である. すなわち, $\mathcal{H}$ は演算 $\oplus$ について閉じている. o と異なる変曲点 p について, $o*p = q$ となる変曲点 q が見つかる. ここでもし $q = o$ ならば, p は o における接線と F° との第3の交点である. しかし, o は変曲点なので, これは $p = o$ を意味し, 矛盾である. 同様に, $q = p$ としても矛盾が生じる. よって, q は o とも p とも異なる変曲点である. さて, p は変曲点なので $p*p = p$ である. よって $p \oplus p = o*(p*p) = o*p = q \neq o$ であり, $p \oplus p \oplus p = p \oplus q = o*(p*q) = o*o = o$ となる. すなわち, p の逆元は q であり, p の位数は3である. 以上より, $\mathcal{H}$ が F° の部分群であること, および (1) が証明された.

F が非特異のとき, $\mathcal{H}$ は位数9のアーベル群で, 単位元でない元の位数は3だから, $\mathbb{Z}/3\mathbb{Z} \oplus \mathbb{Z}/3\mathbb{Z}$ と同型な群である. F が結節点をもつときは $\mathcal{H}$ の位数は3なので, $\mathbb{Z}/3\mathbb{Z}$ と同型である. □

F が特異点をもつ場合に $(F^\circ, \oplus)$ の構造を調べてみよう.

命題 3.17. 尖点をもつ既約な平面3次曲線 F の単純点全体 F° に, 上のように定めた群構造について, $(F^\circ, \oplus)$ は $(\mathbb{C}, +)$ に同型である.

《証明》 定理 3.3 より $F = Y^2Z - X^3$ としてよい. $Y = 0$ ならば $X = 0$ となる. $(0:0:1)$ は F の特異点だから, F° では $Y \neq 0$ である. よって $x = X/Y$, $z = Z/Y$ とおけば, F° は $z = x^3$ で定義された $\mathbb{C}^2$ の曲線と同一視される. そこで, 全単射 $\rho : \mathbb{C} \to F^\circ$ を $\rho(x) = (x : 1 : x^3)$ で定めることができる. これが群の準同型写像であることを示す. $(0:0:1)$ を通らない $\mathbb{P}^2$ の任意の直線は $Z = \alpha X + \beta Y$ と書ける. したがって $Y \neq 0$ ならば $z = \alpha x + \beta$ である. この直線と F° の交点 p_1, p_2, p_3 の x 座標をそれぞれ x_1, x_2, x_3 とおけば, これらは三次方程式 $x^3 = \alpha x + \beta$ の3根だから, 根と

係数の関係より $x_1+x_2+x_3=0$ をみたす．

さて，$s,t\in\mathbb{C}$ を任意にとり，$p=(s:1:s^3)$, $q=(t:1:t^3)$ とおく．上で見たことから，$\overline{pq}$ と F° の第3の交点は $(-(s+t):1:-(s+t)^3)$ である．よって $\rho(s)\oplus\rho(t)=p\oplus q=o*(p*q)=(0:1:0)*(-(s+t):1:-(s+t)^3)=(s+t:1:(s+t)^3)=\rho(s+t)$ なので，ρ は準同型写像である． □

結節点をもつときも，$(F^\circ,\oplus)$ はわかりやすい群になっているのだが，尖点の場合に比べるとやや面倒である．

命題 3.18. 結節点をもつ既約な平面3次曲線 F の単純点全体 F° に，上のように定めた群構造について，$(F^\circ,\oplus)$ は乗法群 $(\mathbb{C}\setminus\{0\},\times)$ に同型である．

《証明》 定理 3.3 で求めた標準形 $Y^2Z-X^3+X^2Z$ に射影変換

$$X'=2\,\mathrm{i}X,\ Y'=Y+\mathrm{i}X,\ Z'=Z/(-8\,\mathrm{i})$$

を施すことによって，$F=Y(Y-X)Z-X^3$ としてよい．結節点は $(0:0:1)$，変曲点とその接線は $o=(0:1:0)$ と $Z=0$ である．特に F° では $Y\neq 0$ なので，$x=X/Y$, $z=Z/Y$ とおけば，F° は $x^3=(1-x)z$ で定義された $\mathbb{C}^2$ の曲線である．

まず最初に，F° が $W=\mathbb{P}^1\setminus\{(1:0),(1:1)\}$ と同一視できることを示す．$(0:0:1)\notin F^\circ$ だから，写像 $\pi:F^\circ\to W$ を $\pi((X:Y:Z))=(X:Y)$ で定めることができる．また，$\varpi:W\to F^\circ$ を $\varpi((U:V))=((V^2-UV)U:(V^2-UV)V:U^3)$ で定める．このとき，

$$\begin{aligned}(X:Y:Z)\overset{\pi}{\mapsto}(X:Y)\overset{\varpi}{\mapsto}&((Y^2-XY)X:(Y^2-XY)Y:X^3)\\ &=((Y^2-XY)X:(Y^2-XY)Y:(Y^2-XY)Z)\\ &=(X:Y:Z)\end{aligned}$$

より，$\varpi\circ\pi$ は F° の恒等写像である．また，

$$\begin{aligned}(U:V)&\overset{\varpi}{\mapsto}((V^2-UV)U:(V^2-UV)V:U^3)\\ &\overset{\pi}{\mapsto}((V^2-UV)U:(V^2-UV)V)\\ &=(U:V)\end{aligned}$$

より，$\pi \circ \varpi$ は W の恒等写像である．以上より，π が全単射であることがわかった．

さて，W は $\mathbb{P}^1$ から異なる 2 点を除いたものなので，$\mathbb{C} \setminus \{0\}$ と同一視できる．具体的には，写像 $(U:V) \mapsto \frac{V-U}{V}$ を考えればよい．π とこの写像の合成として写像 $\varphi : F^\circ \to \mathbb{C} \setminus \{0\}$ を定める．すなわち

$$\varphi((X:Y:Z)) = \frac{Y-X}{Y} = 1-x$$

である．$(0:0:1)$ を通らない直線は $z = \alpha x + \beta$ と書ける．この直線と F° との交点の x 座標を x_1, x_2, x_3 とおけば，これらは三次方程式 $x^3 = (1-x)(\alpha x + \beta)$ の 3 根だから，根と係数の関係より

$$x_1 + x_2 + x_3 = -\alpha,\ x_1x_2 + x_2x_3 + x_3x_1 = \beta - \alpha,\ x_1x_2x_3 = \beta$$

が成立する．すると $p_1 = (x_1 : 1 : x_1^3/(1-x_1))$, $p_2 = (x_2 : 1 : x_2^3/(1-x_2))$, $p_1 * p_2 = p_3 = (x_3 : 1 : x_3^3/(1-x_3))$ に対して

$$\varphi(p_1)\varphi(p_2)\varphi(p_3) = (1-x_1)(1-x_2)(1-x_3) = 1$$

が成立する．$\varphi(o) = \varphi((0:1:0)) = 1$ だから，$\varphi(o)\varphi(p_3)\varphi(p_1 \oplus p_2) = 1$ より $\varphi(p_1 \oplus p_2) = \varphi(p_3)^{-1}$ なので，

$$\varphi(p_1)\varphi(p_2) = \varphi(p_1 \oplus p_2)$$

が成立する．すなわち φ は群の準同型写像である． □

それでは，非特異な平面 3 次曲線はどのような群と対応しているのだろうか．大変興味深いところだが，その答は次章に譲ることにする．

この節の締めくくりとして，座標を使って和を計算しておこう．

補題 3.19. 既約な平面 3 次曲線 F が方程式 $Y^2Z = X^3 + aX^2Z + bXZ^2 + cZ^3$ で与えられているとき，$o = (0:1:0)$ を単位元とする加法 $\oplus$ を考える．F° 上の 2 点 $p_i = (x_i : y_i : 1)$ $(i = 1, 2)$ について，α, β を

$$\alpha = \begin{cases} (y_1 - y_2)/(x_1 - x_2), & (x_1 \neq x_2 \text{ のとき}), \\ (3x_1^2 + 2ax_1 + b)/(2y_1), & (x_1 = x_2, y_1 = y_2 \neq 0 \text{ のとき}), \end{cases}$$

$$\beta = y_1 - \alpha x_1,$$

のように定めれば，

$$p_1 \oplus p_2 = (\alpha^2 - a - x_1 - x_2 : -\alpha^3 + \alpha(a + x_1 + x_2) - \beta : 1)$$

である．また，$x_1 = x_2$ かつ $y_1 = -y_2$ の場合は $p_1 \oplus p_2 = o$ である．

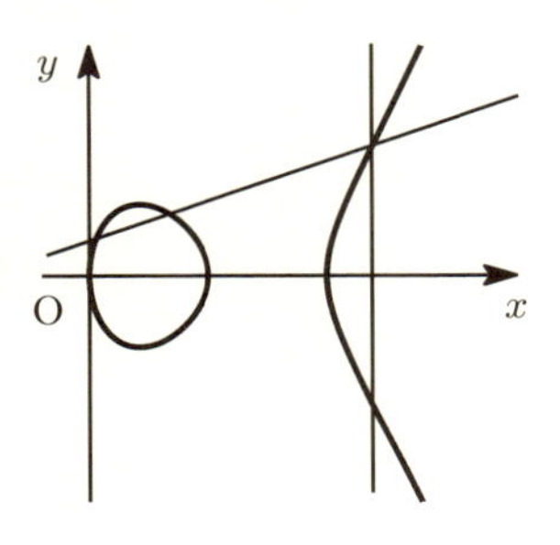

図 3.6

《証明》　$i = 1, 2, 3$ に対して $p_i = (x_i : y_i : z_i)$ とおく．$p_3 = p_1 * p_2$ ならば，補題 1.5 より

$$\begin{vmatrix} x_1 & y_1 & z_1 \\ x_2 & y_2 & z_2 \\ x_3 & y_3 & z_3 \end{vmatrix} = 0$$

である．

まず，3点のうち，いずれかが $(0:1:0)$ の場合を考える．$p_3 = (0:1:0)$ としてよい．このとき，$x_1 z_2 = x_2 z_1$ である．もし $z_1 = 0$ または $z_2 = 0$ ならば $p_1 = (0:1:0)$ または $p_2 = (0:1:0)$ となるが，このとき3点を通る直線は変曲点 $(0:1:0)$ における接線に他ならないから，$p_1 = p_2 = p_3 = (0:1:0)$ となる．$z_1 \neq 0$ かつ $z_2 \neq 0$ ならば $z_1 = z_2 = 1$ としてよいから，$x_1 = x_2$ である．このとき，3点を通る直線は $X = x_1 Z$ だから，$y_2 = \pm y_1$ となる．もし $y_2 = y_1$ ならば $X = x_1 Z$ は p_1 における接線なので $y_2 = y_1 = 0$ でなければならない．よって，この場合も含めて $y_2 = -y_1$ である．$p_1 * p_2 = o$ だから $p_1 \oplus p_2 = o$ となる．

次に，3点とも $(0:1:0)$ でないとする．$z_1 = z_2 = z_3 = 1$ としてよい．$x = X/Z, y = Y/Z$ とおくと，F の方程式は $y^2 = x^3 + ax^2 + bx + c$ となる．

$$\begin{vmatrix} x_1 & y_1 & 1 \\ x_2 & y_2 & 1 \\ x_3 & y_3 & 1 \end{vmatrix} = \begin{vmatrix} x_1 & y_1 & 1 \\ x_2 - x_1 & y_2 - y_1 & 0 \\ x_3 - x_1 & y_3 - y_1 & 0 \end{vmatrix} = (x_2 - x_1)(y_3 - y_1) - (y_2 - y_1)(x_3 - x_1)$$

より，$(x_1 - x_2)(y_3 - y_1) = (y_1 - y_2)(x_3 - x_1)$ である．

$x_1 \neq x_2$ とする．直線 $\overline{p_1p_2}$ の方程式は $y = \alpha x + \beta$ だから，これと F との交点の x 座標 x_1, x_2, x_3 は $(\alpha x + \beta)^2 = x^3 + ax^2 + bx + c$ の根である．根と係数の関係より，$x_1 + x_2 + x_3 = \alpha^2 - a$ が成り立つから，$x_3 = \alpha^2 - a - x_1 - x_2$ である．このとき，$y_3 = \alpha(x_3 - x_1) + y_1 = \alpha x_3 + \beta$ となる．$p_1 \oplus p_2 = (x'_3 : y'_3 : 1)$ とおくと，$p_1 \oplus p_2 = o * p_3$ だから，$x'_3 = x_3$, $y'_3 = -y_3$ である．

$x_1 = x_2$ とする．このとき $(y_1 - y_2)(x_3 - x_1) = 0$ より $y_2 = y_1$ または $x_3 = x_1$ である．後者の場合，直線 $X = x_1 Z$ が p_1, p_2, p_3 を通る直線だが，これは o を通るので 3 点のうちいずれかが o と一致することになり，適さない．よって $y_2 = y_1$, すなわち $p_2 = p_1$ である．このとき $\overline{p_1p_2}$ は p_1 における接線だから，もし $y_1 = y_2 = 0$ ならば $p_3 = o$ となって適さない．したがって，$y_1 = y_2 \neq 0$ である．p_1 における接線の方程式は $2yy' = 3x^2 + ax + b$ より $y - y_1 = \frac{3x_1^2 + ax_1 + b}{2y_1}(x - x_1)$ となる．すなわち $y = \alpha x + \beta$ である．先の場合と同様に，x_3, y_3 が求められ，$p_1 \oplus p_2$ の座標がわかる．□

3.4　3 次曲線のかたち

ルジャンドルの標準形 $Y^2 Z = X(X - Z)(X - \lambda Z)$ を用いて，非特異な平面 3 次曲線の形状を考察しよう．

直線 $\mathsf{V}(Y)$ を $(X : Z)$ を座標とする $\mathbb{P}^1$ と見なす．直線 $\mathsf{V}(Z)$ と F の交点は o だけなので，いったん $Z \neq 0$ として $x = X/Z$, $y = Y/Z$ とおけば，$\mathbb{C}^2$ 内の曲線 $y^2 = x(x-1)(x-\lambda)$ を考えることになる．このとき，$\mathsf{V}(Y)$ は，x を座標にもつ複素平面に $(X : Z) = (1 : 0)$ を無限遠点として付け加えたものと見なされる．さて，$x \neq 0, 1, \lambda$ ならば，F 上の 2 点 $(x : \pm\sqrt{x(x-1)(x-\lambda)} : 1)$ が得られる．$x = 0, 1, \lambda$ ならば $y = 0$ だから，対応する F の点はそれぞれ 1 点ずつで $(0 : 0 : 1), (1 : 0 : 1), (\lambda : 0 : 1)$ である．$Z = 0$ とすればわかる通り，$x = \infty$ には 1 点 $o = (0 : 1 : 0)$ が対応している．よって，4 点

$x = 0, 1, \lambda, \infty$ を除けば，x 軸 $\mathsf{V}(Y)$ の1点に対して F 上の2点が見つかり，除いた4点に対しては F 上の1点のみが見つかる．つまり，F は，おおよそ2つ分の $\mathbb{P}^1$ でできていると考えられる．

$\mathbb{P}^1$ は図形的には球面と同一視できた．そこでまず，球面を2つ用意する（これらは十分な弾性をもつゴムのような素材でできていて，思うがままに連続変形できるものと仮定する）．それぞれに，立体射影によって $0, 1, \lambda, \infty$ に対応する4点をとる．これら4点を2点ずつの2組に分け，同じ組の2点を滑らかな線で結ぶ．その際，2本の線は交わらないようにする．2本の線に沿って球面に切り込みを入れて，切り口を広げる．そして，口の部分を引き伸ばして整形すれば，円筒のようになるだろう．ここまで，2つの球面に対して，全く同じ操作を同時に行う．1つの球面に対して行った改変は，図3.7の通りである．

こうしてできた2つの円筒をつなぎ合わせる．その際，0は0に，1は1に，λ は λ に，∞ は ∞ に重なるようにする．こうすると，最終的にドーナツの表面のような図形（輪環面）が得られる（図3.8）．これが非特異3次曲線 F の形である．全く同じ2つの球面をもとに作ったので，$0, 1, \lambda, \infty$ を除けば，

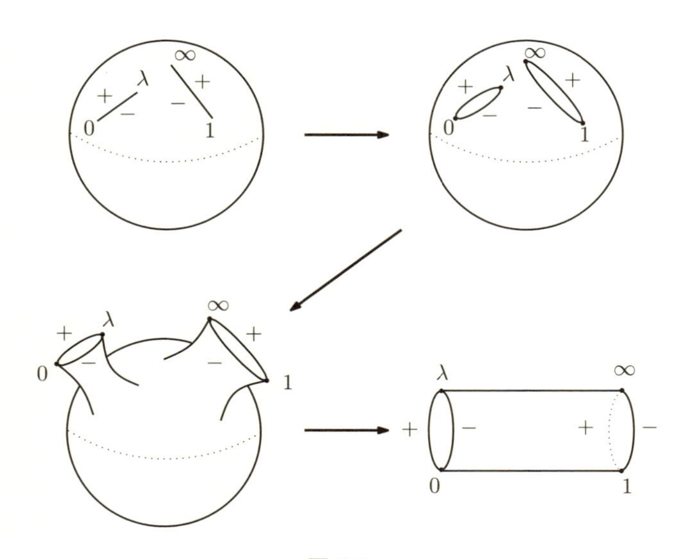

図 3.7

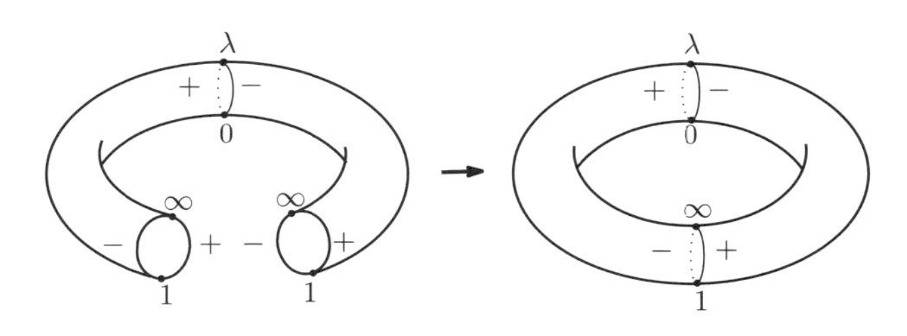

図 3.8

輪環面には同じ座標をもった点が 2 点見つかるが，これは，同じ x 座標をもつ F の点が 2 点あったことに対応している．

さて，最初の状態の球面で，例えば切り口 $\overline{0,\lambda}$ の点の近傍に着目して，$+$ 側から $-$ 側に横断することを想像しよう．最後の輪環面でも同じことをする．後者の場合には，$+$ 側は $\overline{0,\lambda}$ を境にして，自然に別の球面の $-$ 側につながっているが，そのことを除けば，球面における横断と区別がつかない．このように，球面から $0, 1, \lambda, \infty$ を取り除いた部分にある任意の点について，その十分小さな近傍を見る限り，もとの球面での様子と輪環面での様子は全く同一である．ところが，$0, 1, \lambda, \infty$ では事情が異なる．もとの球面でこれらの点のうちいずれかを選び，その点の周りを 1 周することを考える．すると，でき上がった輪環面では対応する点の周りを半周しか回っていない(図 3.9)．

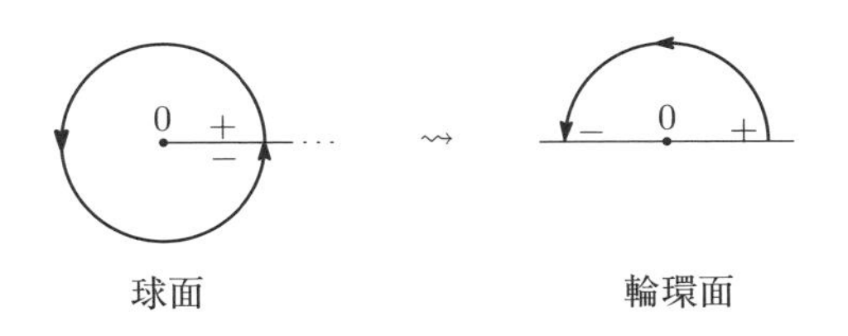

図 3.9

補題 3.8 より，結節点をもつ既約 3 次曲線は，ルジャンドルの標準形において λ を 0 に近づけた極限だった．輪環面において $\lambda \to 0$ として見ると，0 と λ を直径の両端とする輪がどんどん小さくなって，ついには 1 点になってしまった図形に近づく．これが結節点を 1 つもつ既約 3 次曲線の姿であると考えられる．

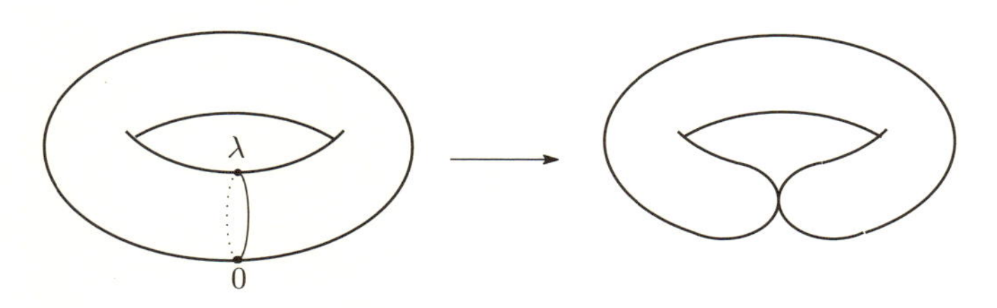

図 3.10　結節点をもつ既約 3 次曲線

尖点をもつ場合は，結節点をもつものの極限だった．よって同様のやり方でどんな図形なのかを想像することができる．各自，試みよ．もう 1 つの考え方は，注意 3.4 (2) を用いることである．

章末問題

3.1.　3 次曲線 $y^2 = x(x-1)(x-2)$ の概形を実数の範囲で描け．

3.2.　非特異な平面 3 次曲線 F の変曲点 o を単位元とする加法 $\oplus$ について，部分群 $H = \{p \in F \mid p \oplus p = o\}$ を決定せよ．

3.3.　a を複素数とする．平面 3 次曲線 $F = X^3 + Y^3 + Z^3 - 3aXYZ$ が特異点をもつような a の値を求め，そのときの F の形状を調べよ．また，F が非特異であるとき，その変曲点をすべて求めよ．

3.4.　前問の F が非特異のとき，ワイエルシュトラスの標準形に変換せよ．また，その j 不変量を a で表せ．

第4章

楕円関数と楕円曲線

4

非特異3次曲線上の和の正体を明らかにするために，この章ではいったん平面曲線の話題から離れて，複素関数を扱う．コーシー (Cauchy) の積分定理などの複素解析学の初歩は，既知とする．途中で，既視感を覚える式や計算が現れるので，注意してほしい．

4.1 格子と楕円関数

$\mathbb{C}$ を自然に $\mathbb{R}$ 上の2次元ベクトル空間と見なす．$\omega_1, \omega_2 \in \mathbb{C}$ を $\mathbb{R}$ 上一次独立な複素数とする．このような ω_1, ω_2 に対して

$$L = L(\omega_1, \omega_2) = \mathbb{Z}\omega_1 + \mathbb{Z}\omega_2 = \{m\omega_1 + n\omega_2 \mid m, n \in \mathbb{Z}\}$$

とおいて，ω_1 と ω_2 が生成する**格子** (lattice) と呼ぶ．L は和に関して閉じていて，加法群としての $\mathbb{C}$ の部分群である．また，

$$\Pi_0 = \{x\omega_1 + y\omega_2 \mid 0 \leq x < 1,\ 0 \leq y < 1\}$$

または，その閉包 $\overline{\Pi}_0 = \{x\omega_1 + y\omega_2 \mid 0 \leq x, y \leq 1\}$ を**基本周期平行四辺形**と呼ぶ．

ω_1, ω_2 は $\mathbb{R}$ 上一次独立なので，商 ω_2/ω_1 は実数ではない．特に，その虚部は零ではない．一般に，虚部が零でない複素数 z を $z = x + y\mathrm{i}$ $(x, y \in \mathbb{R}, y \neq 0)$ と表すとき，$1/z = \bar{z}/|z|^2 = (x - y\mathrm{i})/|z|^2$ だから，z とその逆数 $1/z$ では虚部の符号が逆転する．よって，必要ならば ω_1 と ω_2 の役割を入れ替えることによって，$\tau = \omega_2/\omega_1$ の虚部は正であるとしてよい．こうすると，複素平面上を $0 \to \omega_1 \to \omega_1 + \omega_2 \to \omega_2 \to 0$ の順番に進むことによって，Π_0 の内部を常に左手に見ながら Π_0 の周りを1周することができる．

▷ **定義 4.1.** $\mathbb{C}$ 上の有理型関数 $f(z)$ が，任意の $z \in \mathbb{C}$ に対して 条件

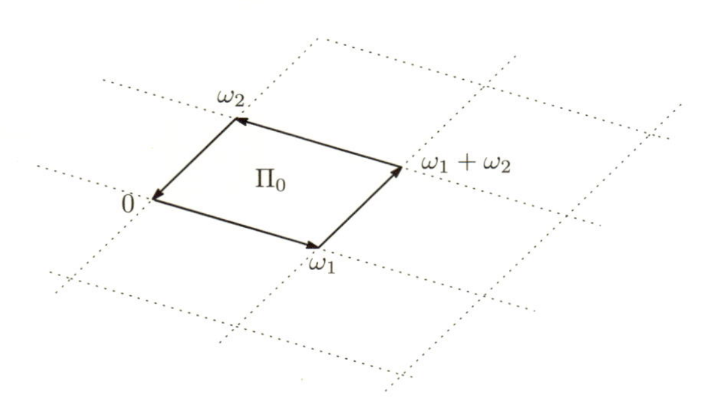

図 4.1　格子

$$f(z+\omega_1) = f(z+\omega_2) = f(z)$$

をみたすとき，$f(z)$ は ω_1, ω_2 を周期にもつ**楕円関数** (elliptic function) であるという．このとき，任意の $\omega \in L$ に対して $f(z+\omega) = f(z)$ が成立する．

$f(z)$ が ω_1, ω_2 を周期にもつ楕円関数であるとき，任意の $\omega \in L$ に対して

$$f'(z+\omega) = \lim_{h\to 0} \frac{f(z+\omega+h) - f(z+\omega)}{h} = \lim_{h\to 0} \frac{f(z+h) - f(z)}{h} = f'(z)$$

が成立するから，$f'(z)$ も ω_1, ω_2 を周期にもつ楕円関数である．容易に確かめられるように，2 つの楕円関数の加減乗除で得られる関数も楕円関数である．したがって，ω_1, ω_2 を周期にもつ楕円関数全体は体をなす．これを**楕円関数体** (field of elliptic functions) という．

補題 4.2.　ω_1, ω_2 を周期にもつ楕円関数 $f(z)$ が極をもたなければ，定数である．

《証明》　極をもたない有理型関数なので，$f(z)$ は $\mathbb{C}$ 上で正則である．基本周期平行四辺形 $\overline{\Pi}_0$ は有界閉集合なので，$|f(z)|$ は $\overline{\Pi}_0$ で最大値 M をとる．任意の $z \in \mathbb{C}$ に対して，ある $z' \in \Pi_0$ と $\omega \in L$ があって，$z = z' + \omega$ と書けるから，$|f(z)| = |f(z'+\omega)| = |f(z')| \leq M$ が成り立つ．よって，$f(z)$ は有界かつ全平面で正則な関数だから，リューヴィユ (Liouville) の定理より，定数である．　□

有理型関数の極は離散集合である．また恒等的に零でなければ，零点も離

散集合である．よって，定数でない楕円関数 $f(z)$ に対して，適当な $a \in \mathbb{C}$ をとれば，平行四辺形

$$\Pi_a := a + \Pi_0 = \{a + x\omega_1 + y\omega_2 \mid 0 \leq x, y < 1\}$$

の境界 $\partial\Pi_a$ 上には $f(z)$ の零点や極が 1 つもないようにできる．

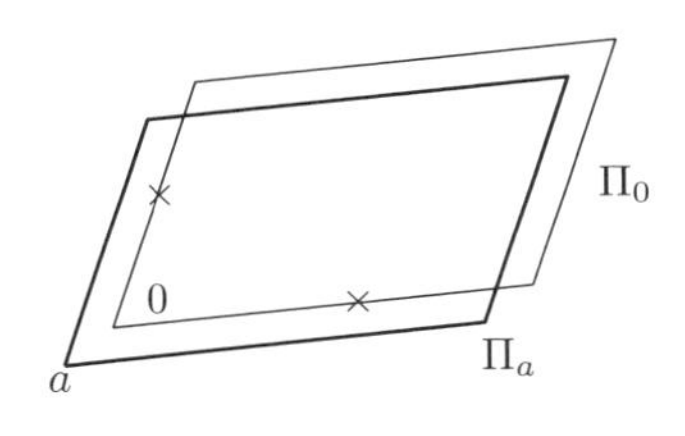

図 4.2

補題 4.3.　ω_1, ω_2 を周期にもつ楕円関数 $f(z)$ の零点や極がその境界上にないような Π_a, Π_b をとる．このとき，Π_a の内部にある $f(z)$ の零点，極と，Π_b の内部にある $f(z)$ の零点，極とはその位数を込めて 1 対 1 に対応する．特に零点の個数，極の個数は同じである．

《証明》　ω_1, ω_2 は $\mathbb{R}$ ベクトル空間としての $\mathbb{C}$ の基底だから，$a - b = x\omega_1 + y\omega_2$ となる実数の組 (x, y) がただひと通り存在する．

$z_0 \in \Pi_a$ をとり，$z_0 = a + s\omega_1 + t\omega_2$ $(0 \leq s, t < 1)$ とおくと，$z_0 = b + (x+s)\omega_1 + (y+t)\omega_2$ である．今，$x+s$, $y+t$ を超えない最大の整数をそれぞれ m, n とすれば，

$$z_0 - m\omega_1 - n\omega_2 = b + (x+s-m)\omega_1 + (y+t-n)\omega_2 \in \Pi_b$$

であり，$f(z)$ の周期性から $f(z_0 - m\omega_1 - n\omega_2) = f(z_0)$ が成り立つ．よって，z_0 が $f(z)$ の k 位の零点（あるいは極）のとき，$z_0 - m\omega_1 - n\omega_2$ は $f(z)$ の k 位の零点（あるいは極）である．　□

Π_a の内部にある $f(z)$ の極の位数の総和を楕円関数 $f(z)$ の**位数** (order) という．

補題 4.4.　ω_1, ω_2 を周期にもつ楕円関数 $f(z)$ の極が境界 $\partial\Pi_a$ 上にないような Π_a をとる．このとき，$\int_{\partial\Pi_a} f(z)\,\mathrm{d}z = 0$ である．特に，$f(z)$ の Π_a にお

ける留数の総和は零である．

《証明》　次の4つの経路 $C_i : [0,1] \to \mathbb{C}$ を考える．

$$
\begin{aligned}
&C_1 : t \mapsto a + t\omega_1, \\
&C_2 : t \mapsto a + \omega_1 + t\omega_2, \\
&C_3 : t \mapsto a + (1-t)\omega_1 + \omega_2, \\
&C_4 : t \mapsto a + (1-t)\omega_2
\end{aligned}
$$

このとき，$\partial\Pi_a = C_1 + C_2 + C_3 + C_4$ である．ただし，ここのプラス記号は道の合成を表す．また，f の周期性より $f(a+(1-t)\omega_1+\omega_2) = f(a+(1-t)\omega_1)$, $f(a + \omega_1 + t\omega_2) = f(a + t\omega_2)$ が任意の $t \in [0,1]$ について成立するから，$\int_{C_3} f(z)\,\mathrm{d}z = -\int_{C_1} f(z)\,\mathrm{d}z$ および $\int_{C_2} f(z)\,\mathrm{d}z = -\int_{C_4} f(z)\,\mathrm{d}z$ が成り立つ．実際，例えば

$$
\begin{aligned}
\int_{C_3} f(z)\,\mathrm{d}z &= \int_0^1 f(a + (1-t)\omega_1 + \omega_2)(-\omega_1 \mathrm{d}t) \\
&= \int_0^1 f(a + (1-t)\omega_1)(-\omega_1 \mathrm{d}t) \\
&= -\int_0^1 f(a + s\omega_1)(\omega_1 \mathrm{d}s) = -\int_{C_1} f(z)\,\mathrm{d}z
\end{aligned}
$$

となる．よって，$\int_{\partial\Pi_a} f(z)\,\mathrm{d}z = 0$ が成り立つ．

Π_a 内にある $f(z)$ の極を $\beta_1, \ldots, \beta_k$ とし，β_i における留数を $\mathrm{Res}_{\beta_i}(f)$ とおけば，留数定理より

$$
\sum_{i=1}^{k} \mathrm{Res}_{\beta_i}(f) = \frac{1}{2\pi\mathrm{i}} \int_{\partial\Pi_a} f(z)\,\mathrm{d}z = 0
$$

なので，最後の主張も正しい．　□

留数の総和が零であることから，$f(z)$ が1位の極をもてば，それは1つだけではあり得ない．すなわち，

系 4.5.　ω_1, ω_2 を周期にもつ楕円関数 $f(z)$ の極がその境界上にないような Π_a をとる．$f(z)$ が Π_a の内部に1位の極を1つだけもつことはない．すなわち，1位の楕円関数は存在しない．

補題 4.6. ω_1, ω_2 を周期にもつ楕円関数 $f(z)$ の零点や極がその境界上にないような Π_a をとる．このとき，Π_a において，$f(z)$ の零点の位数の総和と極の位数の総和は一致する．

《証明》 $z_0 \in \Pi_a$ を，$f(z)$ の k 位の零点あるいは $-k$ 位の極とする．$z = z_0$ の近傍ではある正則関数 $g(z)$ を用いて $f(z) = (z - z_0)^k g(z)$ $(g(z_0) \neq 0)$ と表示できる．このとき

$$\frac{f'(z)}{f(z)} = \frac{k(z - z_0)^{k-1} g(z) + (z - z_0)^k g'(z)}{(z - z_0)^k g(z)} = \frac{k}{z - z_0} + \frac{g'(z)}{g(z)}$$

である．したがって，$g'(z)/g(z)$ が $z = z_0$ の近傍で正則であることに注意すると，z_0 を中心とする十分小さな半径の円周 C に対して

$$\frac{1}{2\pi \mathrm{i}} \int_C \frac{f'(z)}{f(z)} \mathrm{d}z = \frac{1}{2\pi \mathrm{i}} \int_C \frac{k}{z - z_0} \mathrm{d}z = k$$

が成り立つ．ただし，積分路は，円の内部を左手に見ながら C を 1 周するものとする．したがって，留数定理より，積分

$$\frac{1}{2\pi \mathrm{i}} \int_{\partial \Pi_a} \frac{f'(z)}{f(z)} \, \mathrm{d}z$$

は「$f(z)$ の零点の位数の総和から極の位数の総和を引いた数」を表す．$f'(z)$ も $f(z)$ も ω_1, ω_2 を周期にもつ楕円関数なので，$f'(z)/f(z)$ もそうである．仮定から，$\partial \Pi_a$ 上には $f'(z)/f(z)$ の極はないので，補題 4.4 より

$$\int_{\partial \Pi_a} \frac{f'(z)}{f(z)} \, \mathrm{d}z = 0$$

が成り立つから，Π_a において $f(z)$ の零点の位数の総和と極の位数の総和は一致する． □

系 4.7. $f(z)$ を，ω_1, ω_2 を周期にもつ位数 r の楕円関数とし，複素数 ζ を任意にとる．$f(z)$ は適当な基本周期平行四辺形 Π_a の内部で，値 ζ を（重複も許して）r 回とる．

《証明》 $f(z) - \zeta$ に補題 4.6 を適用すればよい． □

補題 4.2, 補題 4.4, 補題 4.6 をそれぞれリューヴィユの第一，第二，第三定理という．次の命題をリューヴィユの第四定理ということもある．

命題 4.8 **(アーベル** (Abel)**).** ω_1, ω_2 を周期にもつ楕円関数 $f(z)$ の零点や極がその境界上にないような Π_a をとり，Π_a における $f(z)$ の零点を $\alpha_1, \ldots, \alpha_k$ とし，極を $\beta_1, \ldots, \beta_k$ とする(ただし，同一の零点(あるいは極)はその位数の分だけ重複して並べている)．このとき，

$$\sum_{i=1}^{k} \alpha_i - \sum_{i=1}^{k} \beta_i \in L(\omega_1, \omega_2)$$

が成立する．

《証明》　$z_0 \in \Pi_a$ を，$f(z)$ の k 位の零点あるいは $-k$ 位の極とする．$z = z_0$ の近傍ではある正則関数 $g(z)$ を用いて $f(z) = (z - z_0)^k g(z)$ $(g(z_0) \neq 0)$ と表示できる．このとき

$$\frac{zf'(z)}{f(z)} = \frac{k(z - z_0) + kz_0}{z - z_0} + \frac{zg'(z)}{g(z)} = \frac{kz_0}{z - z_0} + \frac{zg'(z)}{g(z)} + k$$

であり，$zg'(z)/g(z) + k$ が $z = z_0$ の近傍で正則であることに注意すると，z_0 を中心とする十分小さな半径の円周 C に対して

$$\frac{1}{2\pi \mathrm{i}} \int_C \frac{zf'(z)}{f(z)} \mathrm{d}z = \frac{1}{2\pi \mathrm{i}} \int_C \frac{kz_0}{z - z_0} \mathrm{d}z = kz_0$$

が成り立つ．ただし，積分路は，円の内部を左手に見ながら C を1周するものとする．よって，留数定理より，等式

$$\frac{1}{2\pi \mathrm{i}} \int_{\partial \Pi_a} \frac{zf'(z)}{f(z)} \, \mathrm{d}z = \sum_{i=1}^{k} \alpha_i - \sum_{i=1}^{k} \beta_k$$

が成立する．左辺の積分を計算するために，補題 4.4 の証明と同様に $\partial \Pi_a = C_1 + C_2 + C_3 + C_4$ とする．$f(a + (1-t)\omega_1 + \omega_2) = f(a + (1-t)\omega_1)$，$f'(a + (1-t)\omega_1 + \omega_2) = f'(a + (1-t)\omega_1)$ なので，

$$\begin{aligned}
&\int_{C_1} \frac{zf'(z)}{f(z)} \mathrm{d}z + \int_{C_3} \frac{zf'(z)}{f(z)} \mathrm{d}z \\
&= \omega_1 \int_0^1 \frac{(a + t\omega_1) f'(a + t\omega_1)}{f(a + t\omega_1)} \mathrm{d}t \\
&\qquad - \omega_1 \int_0^1 \frac{(a + (1-t)\omega_1 + \omega_2) f'(a + (1-t)\omega_1 + \omega_2)}{f(a + (1-t)\omega_1 + \omega_2)} \mathrm{d}t
\end{aligned}$$

$$= \omega_1 \int_0^1 \frac{(a+t\omega_1)f'(a+t\omega_1)}{f(a+t\omega_1)}\mathrm{d}t$$

$$- \omega_1 \int_0^1 \frac{(a+(1-t)\omega_1+\omega_2)f'(a+(1-t)\omega_1)}{f(a+(1-t)\omega_1)}\mathrm{d}t$$

$$= \omega_1 \int_0^1 \frac{(a+t\omega_1)f'(a+t\omega_1)}{f(a+t\omega_1)}\mathrm{d}t - \omega_1 \int_0^1 \frac{(a+t\omega_1+\omega_2)f'(a+t\omega_1)}{f(a+t\omega_1)}\mathrm{d}t$$

$$= -\omega_2 \int_{C_1} \frac{f'(z)}{f(z)}\mathrm{d}z$$

となる．全く同様にして

$$\int_{C_2} \frac{zf'(z)}{f(z)}\mathrm{d}z + \int_{C_4} \frac{zf'(z)}{f(z)}\mathrm{d}z = \omega_1 \int_{C_2} \frac{f'(z)}{f(z)}\mathrm{d}z$$

が得られる．よって，

$$\frac{-\omega_2}{2\pi\mathrm{i}} \int_{C_1} \frac{f'(z)}{f(z)}\mathrm{d}z + \frac{\omega_1}{2\pi\mathrm{i}} \int_{C_2} \frac{f'(z)}{f(z)}\mathrm{d}z = \sum_{i=1}^{k} \alpha_i - \sum_{i=1}^{k} \beta_i$$

である．

ここで，$w = f(z)$ と変数変換する．$\partial\Pi_a$ 上にある $f'(z)$ の零点は高々有限個であり，$\partial\Pi_a$ 上には $f(z)$ の極がないので，$f'(z)$ の極もない．したがって，$\gamma_1 = f(C_1)$ と $\gamma_2 = f(C_2)$ は区分的に滑らかな曲線である．また，$f(a) = f(a+\omega_1) = f(a+\omega_1+\omega_2)$ だから，γ_1 と γ_2 は，どちらも点 $w_0 = f(a)$ を始点・終点とする w 平面上の閉曲線である．さらに，$\partial\Pi_a$ 上には $f(z)$ の零点がないので，γ_1 も γ_2 も原点 $w = 0$ を通らない．すると，$i = 1, 2$ に対して

$$\frac{1}{2\pi\mathrm{i}} \int_{C_i} \frac{f'(z)}{f(z)}\mathrm{d}z = \frac{1}{2\pi\mathrm{i}} \int_{\gamma_i} \frac{\mathrm{d}w}{w} = n(\gamma_i, 0) \in \mathbb{Z}$$

が成り立つ．ここに，閉曲線 γ_i の $w = 0$ の周りの回転数(cf. [14, 第 IX 章, §6]) を $n(\gamma_i, 0)$ とおいた．以上より，

$$\sum_{i=1}^{k} \alpha_i - \sum_{i=1}^{k} \beta_i = n(\gamma_2, 0)\omega_1 - n(\gamma_1, 0)\omega_2 \in L(\omega_1, \omega_2)$$

が得られた． □

4.2　ワイエルシュトラスの $\wp$ 関数

具体的に楕円関数を構成しよう．まず，$n \geq 3$ に対して位数 n の楕円関数 $\varphi_n(z)$ を構成する．n を 3 以上の整数として，級数

$$\varphi_n(z) = \sum_{\omega \in L} \frac{1}{(z-\omega)^n}$$

を考える．次の補題を利用して，これが $\mathbb{C} \setminus L$ 上で広義一様に絶対収束することを示そう．

補題 4.9.　任意の $x, y \in \mathbb{R}$ に対して不等式

$$C^{-1}(|x|+|y|) \leq |x\omega_1 + y\omega_2| \leq C(|x|+|y|)$$

をみたす正定数 C が存在する．

《証明》　ω_1 と ω_2 は $\mathbb{R}$ 上一次独立だから，$x, y \in \mathbb{R}$ に対して $|x\omega_1 + y\omega_2|^2$ は正定値 2 次形式を定める．実際，

$$|x\omega_1 + y\omega_2|^2 = \begin{pmatrix} x & y \end{pmatrix} \begin{pmatrix} |\omega_1|^2 & \mathrm{Re}(\omega_1\overline{\omega_2}) \\ \mathrm{Re}(\omega_1\overline{\omega_2}) & |\omega_2|^2 \end{pmatrix} \begin{pmatrix} x \\ y \end{pmatrix}$$

である．実対称行列は直交行列によって対角化され，対角成分には固有値が並ぶ．今の場合，固有値はともに正の実数である．すなわち適当な直交変換により，$ax^2 + by^2$ $(0 < a \leq b)$ の形になる．このとき，十分大きな正数 c をとれば $2/c^2 \leq a$ かつ $b \leq c^2$ が成立するから，$(2/c^2)(x^2+y^2) \leq ax^2 + by^2 \leq c^2(x^2+y^2)$ となる．直交変換はベクトルの長さを変えないので，$(2/c^2)(x^2+y^2) \leq |x\omega_1+y\omega_2|^2 \leq c^2(x^2+y^2)$ が成立する．ここで，$x^2+y^2 \leq (|x|+|y|)^2 \leq 2(x^2+y^2)$ を用いれば，$(1/c^2)(|x|+|y|)^2 \leq |x\omega_1+y\omega_2|^2 \leq c^2(|x|+|y|)^2$ となる．すなわち $(1/c)(|x|+|y|) \leq |x\omega_1+y\omega_2| \leq c(|x|+|y|)$ である．　□

命題 4.10.　$n \geq 3$ のとき，級数 $\varphi_n(z) = \sum_{\omega \in L} \frac{1}{(z-\omega)^n}$ は $\mathbb{C} \setminus L$ において広義一様に絶対収束し，$\mathbb{C} \setminus L$ で正則な $\mathbb{C}$ 上の有理型関数を定める．L の各点は $\varphi_n(z)$ の n 位の極である．

《証明》　任意にコンパクト集合 $K \subset \mathbb{C} \setminus L$ をとる．十分大きな $R > 0$ をとれば，$K \subset \{z \in \mathbb{C} \mid |z| \leq R\}$ とできる．

$|z| \leq R$ とする．補題 4.9 の C を $R \leq 2C$ であるようにとる．このとき，$|m_1| + |m_2| \geq 4C^2$ ならば

$$\begin{aligned}|z - (m_1\omega_1 + m_2\omega_2)| &\geq |m_1\omega_1 + m_2\omega_2| - |z| \\ &\geq C^{-1}(|m_1| + |m_2|) - 2C \\ &\geq (2C)^{-1}(|m_1| + |m_2|)\end{aligned}$$

が成立する．$N \geq 4C^2$ であるような自然数 N に対して $L_1 = \{m_1\omega_1 + m_2\omega_2 \in L \mid |m_1| + |m_2| < N\}$, $L_2 = \{m_1\omega_1 + m_2\omega_2 \in L \mid |m_1| + |m_2| \geq N\}$ とおけば，$L = L_1 \cup L_2$ である．$\sum_{\omega \in L_1} \frac{1}{(z-\omega)^n}$ は有限和だから z の有理関数を表し，L_1 の各点は n 位の極である．よって，$\sum_{\omega \in L_2} \frac{1}{(z-\omega)^n}$ が $|z| \leq R$ において一様に絶対収束することを示せば十分である．正整数 k に対して $|m_1| + |m_2| = k$ となる組 (m_1, m_2) の個数は $4k$ であることに注意すれば，

$$\begin{aligned}\sum_{|m_1|+|m_2| \geq N} \frac{1}{|z - (m_1\omega_1 + m_2\omega_2)|^n} &\leq (2C)^n \sum_{|m_1|+|m_2| \geq N} \frac{1}{(|m_1| + |m_2|)^n} \\ &= 4(2C)^n \sum_{k=N}^{\infty} \frac{1}{k^{n-1}} < \infty\end{aligned}$$

となるから，$n \geq 3$ のとき $\sum_{\omega \in L_2} \frac{1}{(z-\omega)^n}$ は $|z| \leq R$ において絶対一様収束し正則関数を定める．　□

$\omega \in L$ に対して，ω' が L 全体を動くとき，$\omega'' := \omega' - \omega$ も L 全体を動くから，$n \geq 3$ のとき

$$\varphi_n(z + \omega) = \sum_{\omega' \in L} \frac{1}{(z + \omega - \omega')^n} = \sum_{\omega'' \in L} \frac{1}{(z - \omega'')^n} = \varphi_n(z)$$

となり，$\varphi_n(z)$ は ω_1, ω_2 を周期とする n 位の楕円関数である．また，ω が L 全体を動くとき，$-\omega$ も L 全体を動くので，

$$\varphi_n(-z) = \sum_{\omega \in L} \frac{1}{(-z - \omega)^n} = (-1)^n \sum_{\omega \in L} \frac{1}{(z - (-\omega))^n} = (-1)^n \varphi_n(z)$$

が成り立つ．すなわち，$\varphi_n(z)$ は n が奇数のときには奇関数で，n が偶数のときには偶関数である．

補題 4.11.　十分小さな正の数 ϵ に対して，$\omega(\epsilon) = -\epsilon(\omega_1 + \omega_2)$ とおく．このとき，平行四辺形 $\Pi_{\omega(\epsilon)}$ の内部にある $\varphi_3(z)$ の零点は

$$\frac{\omega_1}{2},\ \frac{\omega_1+\omega_2}{2},\ \frac{\omega_2}{2}$$

の合計 3 点である．

《証明》　$0 < \epsilon < 1$ のとき，$\Pi_{\omega(\epsilon)}$ の内部にある $\varphi_3(z)$ の極は $z = 0$ のみであって，それは 3 位の極である．よって補題 4.6 より，$\partial\Pi_{\omega(\epsilon)}$ 上に $\varphi_3(z)$ の零点がないように ϵ をとれば，$\Pi_{\omega(\epsilon)}$ 内にある $\varphi_3(z)$ の零点は重複を許して 3 点である．さて，φ_3 は奇関数だが，一方，$i = 1, 2$ について

$$-\frac{\omega_i}{2} - \omega = \frac{\omega_i}{2} - (\omega_i + \omega),\ -\frac{\omega_1+\omega_2}{2} - \omega = \frac{\omega_1+\omega_2}{2} - (\omega_1 + \omega_2 + \omega)$$

より

$$\varphi_3\left(-\frac{\omega_i}{2}\right) = \varphi_3\left(\frac{\omega_i}{2}\right),\ \varphi_3\left(-\frac{\omega_1+\omega_2}{2}\right) = \varphi_3\left(\frac{\omega_1+\omega_2}{2}\right)$$

となる．よって，$\omega_1/2, \omega_2/2, (\omega_1+\omega_2)/2$ は，$\varphi_3(z)$ の零点である．例えば $0 < \epsilon < 1/3$ とすれば，これら 3 点と原点は全て $\Pi_{\omega(\epsilon)}$ の内部にある．このとき，$\Pi_{\omega(\epsilon)}$ にはこれらの他に $\varphi_3(z)$ の零点はない．　□

2 位の楕円関数の存在を示すには，ひと工夫必要である．まず，

$$\delta(z) = \frac{2}{z^3} - 2\varphi_3(z) = -\sum_{\omega\in L\setminus\{0\}} \frac{2}{(z-\omega)^3}$$

とおけば，これは $z = 0$ で正則であり，右辺の級数は $(\mathbb{C} \setminus L) \cup \{0\}$ で広義一様に絶対収束しているので，その任意のコンパクト部分集合上で項別に積分できる．また，$L \setminus \{0\}$ の各点における留数は零である．したがって，関数

$$\wp(z) = \frac{1}{z^2} + \int_0^z \delta(w)\mathrm{d}w = \frac{1}{z^2} + \sum_{\omega\in L\setminus\{0\}} \left(\frac{1}{(z-\omega)^2} - \frac{1}{\omega^2}\right)$$

が，0 から z に至る積分路のとり方に依らず矛盾なく定義される．これを**ワイエルシュトラスの** $\wp$ **(ペー) 関数**という．$\omega \in L$ であることと $-\omega \in L$ であることは同値なので，

$$\begin{aligned}\wp(-z) &= \frac{1}{(-z)^2} + \sum_{\omega \in L \setminus \{0\}} \left(\frac{1}{(-z-\omega)^2} - \frac{1}{\omega^2} \right) \\ &= \frac{1}{z^2} + \sum_{\omega \in L \setminus \{0\}} \left(\frac{1}{(z-(-\omega))^2} - \frac{1}{(-\omega)^2} \right) \\ &= \wp(z)\end{aligned}$$

が成立するから，$\wp(z)$ は偶関数である．$\wp(z)$ を微分すれば

$$\wp'(z) = -2 \sum_{\omega \in L} \frac{1}{(z-\omega)^3} = -2\varphi_3(z) \tag{4.1}$$

となる．よって任意の $\omega \in L$ に対して，$(\wp(z+\omega) - \wp(z))' = \wp'(z+\omega) - \wp'(z) = 0$ が成立し，$\wp(z+\omega) - \wp(z)$ は定数であることが従う．ここで，$z = -\omega/2$ とすれば，$\wp(z)$ が偶関数であることから $\wp(\omega/2) - \wp(-\omega/2) = \wp(\omega/2) - \wp(\omega/2) = 0$ がわかるので，結局 $\wp(z+\omega) = \wp(z)$ が成り立つ．すなわち，$\wp(z)$ は ω_1, ω_2 を周期にもつ楕円関数である．命題 4.10 の $\Pi_{\omega(\epsilon)}$ に対して，その内部にある $\wp(z)$ の極は $z = 0$ のみで，それは 2 位の極である．

さて，$\varphi_3(z)$ の零点を用いて

$$e_1 = \wp\left(\frac{\omega_1}{2}\right),\ e_2 = \wp\left(\frac{\omega_1+\omega_2}{2}\right),\ e_3 = \wp\left(\frac{\omega_2}{2}\right) \tag{4.2}$$

とおき，楕円関数

$$P(z) = (\wp(z) - e_1)(\wp(z) - e_2)(\wp(z) - e_3)$$

を考える．

$$\begin{aligned}P'(z) = \wp'(z)((\wp(z) - e_1)(\wp(z) - e_2) &+ (\wp(z) - e_2)(\wp(z) - e_3) \\ &+ (\wp(z) - e_3)(\wp(z) - e_1))\end{aligned}$$

なので，$z = \omega_1/2, (\omega_1+\omega_2)/2, \omega_2/2$ は，それぞれ $P'(z)$ の零点でもあるから，$P(z)$ にとっては 2 位以上の零点であることがわかる．$P(z)$ の $\Pi_{\omega(\epsilon)}$ における

極は $z=0$ のみで，位数は 6 である．したがって，補題 4.6 より $\Pi_{\omega(\epsilon)}$ の内部にある $P(z)$ の零点はこれらしかあり得ない．すなわち，$\omega_1/2, \omega_2/2, (\omega_1+\omega_2)/2$ は，位数がちょうど 2 であるような $P(z)$ の零点である．一方，(4.1) より，$\wp'(z)^2$ も位数を込めて全く同じ零点をもつから，比 $\wp'(z)^2/P(z)$ は全く極をもたない楕円関数を定める．すると，補題 4.2 より，これは定数でなければならない．$z=0$ の周りのローラン (Laurent) 展開における z^{-6} の係数を見ると，$\wp'(z)^2$ のそれは 4 で，$P(z)$ は 1 である．したがって $\wp'(z)^2/P(z)=4$ だから，

$$\wp'(z)^2 = 4(\wp(z)-e_1)(\wp(z)-e_2)(\wp(z)-e_3) \tag{4.3}$$

という関係式が得られた．

補題 4.12　(**アイゼンシュタイン** (Eisenstein) **級数**)．

$$\sum_{\omega\in L\setminus\{0\}} \frac{1}{\omega^k}$$

は，3 以上の整数 k に対して絶対収束する．特に k が 3 以上の奇数のとき，級数は零である．

《証明》　各正整数 j に対して，4 点 $j(\omega_1+\omega_2)$, $j(\omega_1-\omega_2)$, $j(-\omega_1-\omega_2)$, $j(\omega_2-\omega_1)$ を頂点とする平行四辺形上には L の元がちょうど $8j$ 個ある．それを L_j とおけば，$L\setminus\{0\} = \sqcup_{j=1}^{\infty} L_j$ (非交和) となる．原点と L_1 の距離を δ とすれば，L_j は L_1 と相似なので，原点と L_j の距離は $j\delta$ となる．すなわち $\omega\in L_j$ ならば $|\omega|\geq j\delta$ が成り立つ．このとき，任意の正整数 n に対して

$$\sum_{j=1}^{n}\sum_{\omega\in L_j}\frac{1}{|\omega|^k} \leq \sum_{j=1}^{n}\frac{8j}{|j\delta|^k} = \frac{8}{\delta^k}\sum_{j=1}^{n}\frac{1}{j^{k-1}}$$

となる．級数 $\sum_{j=1}^{\infty} j^{1-k}$ は $k\geq 3$ のとき収束するから，左辺で $n\to\infty$ とすることにより，$k\geq 3$ に対して $\sum_{\omega\in L\setminus\{0\}}\omega^{-k}$ は絶対収束することがわかる．$\omega\in L$ ならば $-\omega\in L$ なので，k が 3 以上の奇数のとき ω^{-k} と $(-\omega)^{-k}$ が打ち消し合って，級数は零になる．　□

命題 4.13.　e_1, e_2, e_3 はどの 2 つも異なる複素数で，$e_1+e_2+e_3=0$ をみたす．また，

$$\wp'(z)^2 = 4\wp(z)^3 - g_2\wp(z) - g_3,$$

が成立する．ただし

$$g_2(\omega_1,\omega_2) = 60\sum_{\omega\in L\setminus\{0\}}\frac{1}{\omega^4},\quad g_3(\omega_1,\omega_2) = 140\sum_{\omega\in L\setminus\{0\}}\frac{1}{\omega^6}$$

とおいた.

《証明》　$|t|<1$ のとき $(1-t)^{-1}=\sum_{n=0}^{\infty}t^n$ が成り立ち，両辺を微分すれば

$$\frac{1}{(1-t)^2} = \sum_{n=0}^{\infty}(n+1)t^n$$

となる．$|z|<|\omega|$ のとき $t=z/\omega$ とすれば，したがって

$$\frac{1}{(z-\omega)^2} - \frac{1}{\omega^2} = \sum_{n=1}^{\infty}(n+1)\frac{z^n}{\omega^{n+2}}$$

である．これを $\wp(z)$ の定義式に代入すれば，その $z=0$ の周りのローラン展開が得られ，$0<|z|<\min_{\omega\in L\setminus\{0\}}|\omega|$ に対して

$$\begin{aligned}\wp(z) &= \frac{1}{z^2} + \sum_{n=1}^{\infty}\sum_{\omega\in L\setminus\{0\}}(n+1)\frac{z^n}{\omega^{n+2}} \\ &= \frac{1}{z^2} + \sum_{k=1}^{\infty}(2k+1)G_{k+1}(\omega_1,\omega_2)z^{2k}\end{aligned}$$

となる．ただし

$$G_k(\omega_1,\omega_2) = \sum_{\omega\in L\setminus\{0\}}\frac{1}{\omega^{2k}}$$

とおいた．この $\wp(z)$ のローラン展開より

$$\wp'(z) = -\frac{2}{z^3} + \sum_{k=1}^{\infty}2k(2k+1)G_{k+1}(\omega_1,\omega_2)z^{2k-1}$$

だから

$$\wp'(z)^2 - 4\wp(z)^3 + 60G_2(\omega_1,\omega_2)\wp(z) = -140G_3(\omega_1,\omega_2) + \cdots$$

となる．右辺は $z=0$ の近傍における正則関数を定義し，左辺は高々 L に属する点でしか極をもち得ない楕円関数である．したがって，左辺の楕円関数は $z=0$ で正則なので，L に関する周期性から，全平面で正則な楕円関数になる．よって，補題 4.2 より定数でなければならない．すると，右辺も定数なので $-140G_3(\omega_1,\omega_2)$ となる．以上より，等式 $\wp'(z)^2-4\wp(z)^3+60G_2(\omega_1,\omega_2)\wp(z)+140G_3(\omega_1,\omega_2)=0$ が得られた．これと (4.3) を比較すれば，$e_1+e_2+e_3=0$ が得られる．

最後に，e_1,e_2,e_3 が異なることを示す．例えば $e_1=e_2$ と仮定して，矛盾を導く．$e_1=e_2$ ならば，(4.3) より

$$\left(\frac{\wp'(z)}{\wp(z)-e_1}\right)^2=4(\wp(z)-e_3)$$

である．$\Pi_{\omega(\epsilon)}$ で考えれば，右辺の楕円関数は原点にのみ 2 位の極をもつので，左辺における $\wp'(z)/(\wp(z)-e_1)$ は，原点にのみ 1 位の極をもつ楕円関数ということになる．しかし，これは系 4.5 より不可能である．したがって $e_1\neq e_2$ でなければならない．　□

e_1,e_2,e_3 はどの 2 つも異なるから，$\Delta=(e_1-e_2)^2(e_1-e_3)^2(e_2-e_3)^2\neq 0$ である．根と係数の関係 $e_1+e_2+e_3=0$, $e_1e_2+e_2e_3+e_3e_1=-g_2/4$, $e_1e_2e_3=g_3/4$ を用いて計算すると，$\Delta=(g_2^3-27g_3^2)/16$ だから，$g_2^3-27g_3^2\neq 0$ である．

補題 4.14.　ϵ を十分小さくとる．$z_1,z_2\in\Pi_{\omega(\epsilon)}$ に対して $\wp(z_1)=\wp(z_2)$ ならば，$z_2=z_1$ または $z_1+z_2\in L$ である．

《証明》　$c=\wp(z_1)$ とおく．すると，系 4.7 より，基本周期平行四辺形の適当な平行移動において $\wp(z)$ が値 c をとる点は，重複を許してちょうど 2 点ある．$\wp(z)$ は偶関数だから，$\wp(-z_1)=\wp(z_1)$ である．$z_1+z_2\in L$ であるような $z_2\in\Pi_{\omega(\epsilon)}$ がただ 1 つ定まり，この z_2 について，$\wp(z_2)=\wp(-z_1)=\wp(z_1)$ が成立する．

$z_2\neq z_1$ ならば，これで楕円関数 $\wp(z)-c$ の 2 つの零点が見つかった．この場合，$\wp'(z)$ は奇関数なので，$\wp'(z_2)=\wp'(-z_1)=-\wp'(z_1)$ となるが，さらに $\wp'(z_1)\neq 0$ であることに注意する．実際，もし $\wp'(z_1)=0$ ならば，z_1 は $\wp(z)-c$ の 2 位の零点である．すると $\wp(z)-c$ が，$\Pi_{\omega(\epsilon)}$ に重複を許して

3 点の零点 (z_1, z_1, z_2) をもつことになり矛盾である.

$z_2 = z_1$ とすると, $2z_1 \in L$ である. $z_1 \in \Pi_{\omega(\epsilon)}$ なので, $z_1 = \omega_1/2, \omega_2/2$ または $(\omega_1 + \omega_2)/2$ である. これらは $\wp'(z)$ の零点だったから, $\wp(z) - c$ の 2 位の零点である. よって, $\Pi_{\omega(\epsilon)}$ には z_1 を除いて $\wp(z) - c$ の零点はない. □

この節の締めくくりとして, $\wp$ 関数に対する加法定理を示しておこう. a, b を定数として, 3 位の楕円関数

$$f(z) = \wp'(z) - a\wp(z) - b$$

を考える. $z = 0$ は 3 位の極なので, $\Pi_{\omega(\epsilon)}$ における $f(z)$ の零点は, 重複も許して 3 点ある. それを z_1, z_2, z_3 とする. このとき, 命題 4.8 より $z_1+z_2+z_3-3\times 0 = z_1 + z_2 + z_3 \in L$ が成り立つ. よって, $-(z_1 + z_2) = z_3 - \omega$ となる $\omega \in L$ が存在するから, $f(-(z_1 + z_2)) = f(z_3 - \omega) = f(z_3) = 0$ となる. このことから, $\wp'(-(z_1 + z_2)) = a\wp(-(z_1 + z_2)) + b$ だが, $\wp(z)$ は偶関数で $\wp'(z)$ は奇関数なので, $-\wp'(z_1 + z_2) = a\wp(z_1 + z_2) + b$ となる. 一方, とり方から $\wp'(z_1) = a\wp(z_1) + b$, $\wp'(z_2) = a\wp(z_2) + b$ なので, 恒等式 $\wp'(z)^2 = 4\wp(z)^3 - g_2\wp(z) - g_3$ より, $\wp(z_1), \wp(z_2), \wp(z_1 + z_2)$ は三次方程式 $4x^3 - g_2x - g_3 = (ax + b)^2$ の根であることがわかる. しかし, 三次方程式の 3 根が尽くされているという保証はない.

そこで, 発想を転換して最初に $0 \neq z_1 \in \Pi_{\omega(\epsilon)}$ をとり, 楕円関数

$$(\wp(z) - \wp(z_1))(\wp(z + z_1) - \wp(z_1))(\wp(z + z_1) - \wp(z))$$

を考える. $\Pi_{\omega(\epsilon)}$ には有限個の極や零点しかもたないから, z_2 をその極でも零点でもないようにとれば, $\wp(z_1)$, $\wp(z_2)$, $\wp(z_1 + z_2)$ は, どの 2 つも異なる. このような z_1, z_2 に対して,

$$a = \frac{\wp'(z_1) - \wp'(z_2)}{\wp(z_1) - \wp(z_2)},\ b = \wp'(z_1) - a\wp(z_1)$$

とおけば, $f(z) = \wp'(z) - a\wp(z) - b$ に対して $f(z_1) = f(z_2) = f(-(z_1 + z_2)) = 0$ となり, $\wp(z_1)$, $\wp(z_2)$, $\wp(z_1 + z_2)$ は $4x^3 - g_2x - g_3 = (ax + b)^2$ の異なる 3 根を与える. 特に, 根と係数の関係より $\wp(z_1) + \wp(z_2) + \wp(z_1 + z_2) = \frac{a^2}{4}$ が成り立つ. すなわち,

$$\wp(z_1+z_2) = -\wp(z_1) - \wp(z_2) + \frac{1}{4}\left(\frac{\wp'(z_1)-\wp'(z_2)}{\wp(z_1)-\wp(z_2)}\right)^2 \qquad (4.4)$$

である．この等式を導くために仮定した「$\wp(z_1)$, $\wp(z_2)$, $\wp(z_1+z_2)$ のどの2つも異なる」という制限は，一致の定理より取り除くことができる．実際，z_1 を固定して z_2 に関する有理型関数の等式だと考えれば一致の定理より極を除き正則に拡張される．よって，周期性より全平面で有理型な関数としての等式になる．(4.4) を $\wp$ 関数の**加法定理**という．

特に，$z_2 \to z_1$ とすれば

$$\lim_{z_2\to z_1}\frac{\wp(z_1)-\wp(z_2)}{z_1-z_2} = \wp'(z_1),\ \lim_{z_2\to z_1}\frac{\wp'(z_1)-\wp'(z_2)}{z_1-z_2} = \wp''(z_1)$$

なので，2倍公式が得られる．

$$\wp(2z) = -2\wp(z) + \frac{1}{4}\left(\frac{\wp''(z)}{\wp'(z)}\right)^2$$

4.3　非特異平面3次曲線へ

$\wp$ 関数を使って，$\mathbb{C}$ から射影平面 $\mathbb{P}^2$ への写像 $\widetilde{\Phi}:\mathbb{C}\to\mathbb{P}^2$ を次のように構成する．まず，$z\in\mathbb{C}\setminus L(\omega_1,\omega_2)$ に対しては $\widetilde{\Phi}(z)=(\wp(z):\wp'(z):1)\in\mathbb{P}^2$ とし，$z\in L$ に対しては $\widetilde{\Phi}(z)=(0:1:0)\in\mathbb{P}^2$ とおく．実際は，$\wp(z)$ や $\wp'(z)$ の周期性から，基本周期平行四辺形 $\Pi_{\omega(\epsilon)}$ で考えれば十分である．さて，$z\neq 0$ のとき $(\wp(z):\wp'(z):1)=(z^3\wp(z):z^3\wp'(z):z^3)$ なので，$z\to 0$ とすれば $(\wp(z):\wp'(z):1)\to(0:1:0)$ となることがわかる．よって，$\widetilde{\Phi}$ は連続である．また，座標成分が正則関数で与えられるという意味で，正則な写像である．

命題4.13より，像 $\widetilde{\Phi}(\mathbb{C})$ は $Y^2Z=4X^3-g_2(\omega_1,\omega_2)XZ^2-g_3(\omega_1,\omega_2)Z^3$ で定まる平面3次曲線 E_{ω_1,ω_2} に含まれる．一方，系4.7より，$\wp(z)$ はあらゆる複素数値をとるので，$\widetilde{\Phi}(\mathbb{C})=E_{\omega_1,\omega_2}$ であることがわかる．また，補

題 4.14 の証明より，$\widetilde{\Phi}$ は $\Pi_{\omega(\epsilon)}$ の上では単射である．補題 3.2 と命題 4.13 によれば，E_{ω_1,ω_2} は非特異な平面 3 次曲線である．

格子 $L(\omega_1,\omega_2)$ は複素数の加法について閉じており，$\mathbb{C}$ の部分加群だから，2 つの複素数 z,w に対して z と w が同値であることを $z-w\in L$ によって定めることができる．商空間

$$T_{\omega_1,\omega_2}=\mathbb{C}/L(\omega_1,\omega_2)$$

には $\mathbb{C}$ から自然に加法が誘導され，これによって T_{ω_1,ω_2} は加法群になり商写像 $\pi:\mathbb{C}\to T_{\omega_1,\omega_2}$ は群の準同型写像である．T_{ω_1,ω_2} と基本周期平行四辺形 $\Pi_{\omega(\epsilon)}$ との間には点集合としての 1 対 1 対応があり，位相的には $\overline{\Pi}_{\omega(\epsilon)}$ の対辺を同一視することで T_{ω_1,ω_2} が得られる．

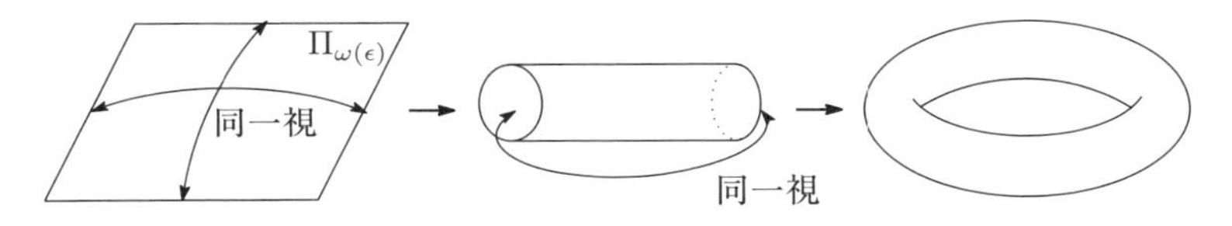

図 4.3 複素トーラス

T_{ω_1,ω_2} を 1 次元**複素トーラス** (complex torus) または**楕円曲線** (elliptic curve) と呼ぶ．

$\wp(z)$ と $\wp'(z)$ の周期性から，図式

$$\begin{array}{ccc} \mathbb{C} & \xrightarrow{\widetilde{\Phi}} & \mathbb{P}^2 \\ {\scriptstyle\pi}\downarrow & & \uparrow \\ T_{\omega_1,\omega_2} & \xrightarrow[\Phi]{} & E_{\omega_1,\omega_2} \end{array}$$

を可換にするような自然な全単射 $\Phi:T_{\omega_1,\omega_2}\to E_{\omega_1,\omega_2}$ が誘導される．なぜなら，$[z]\in T_{\omega_1,\omega_2}$ を $z\in\mathbb{C}$ の同値類とするとき，$\Phi([z])=\widetilde{\Phi}(z)$ は同値類の代表元のとり方に依らず，矛盾なく定まるからである．

命題 4.15. 上で定めた写像 $\Phi:T_{\omega_1,\omega_2}\to E_{\omega_1,\omega_2}$ について，

$$\Phi([z_1]+[z_2])=\Phi([z_1])\oplus\Phi([z_2])$$

が成り立ち，Φ は群の同型写像である．

《証明》　T_{ω_1,ω_2} の加法は，$[z_1],[z_2] \in T_{\omega_1,\omega_2}$ に対して，$[z_1]+[z_2] := [z_1+z_2]$ によって定まっている．単位元は $[0]$ であり，$\Phi([0]) = o = (0:1:0)$ は E_{ω_1,ω_2} 上の加法 $\oplus$ に関する単位元である．

まず，$[z_1] = [0]$ または $[z_2] = [0]$ のときには，$\Phi([0]) = o$ より明らかに $\Phi([z_1+z_2]) = \Phi([z_1]) \oplus \Phi([z_2])$ が成り立つ．例えば $[z_1] = [0]$ のときには，左辺は $\Phi([z_1+z_2]) = \Phi([z_2])$, 右辺は $o \oplus \Phi([z_2]) = \Phi([z_2])$ となる．

次に，$[z_1] \neq [0]$ かつ $[z_2] \neq [0]$ とする．まず，$[z_1+z_2] \neq [0]$ とする．$\Phi([z_1]) = (\wp(z_1):\wp'(z_1):1)$, $\Phi([z_2]) = (\wp(z_2):\wp'(z_2):1)$, $\Phi([z_1+z_2]) = (\wp(z_1+z_2):\wp'(z_1+z_2):1)$ である．すでに，前節の $\wp$ 関数の加法定理において見たように，点 $(\wp(z_1),\wp'(z_1))$, $(\wp(z_2),\wp'(z_2))$, $(\wp(-(z_1+z_2)),\wp'(-(z_1+z_2)))$ は同一直線上にある．すなわち，$\Phi(z_1)*\Phi(z_2) = \Phi([-(z_1+z_2)])$ である．一方，$\Phi([-(z_1+z_2)]) = (\wp(-(z_1+z_2)):\wp'(-(z_1+z_2)):1) = (\wp(z_1+z_2):-\wp'(z_1+z_2):1)$ なので，この点は x 軸に関して点 $\Phi([z_1+z_2])$ と対称である．言い換えれば $o*\Phi([-(z_1+z_2)]) = \Phi([z_1+z_2])$ となる．したがって，$\Phi([z_1]) \oplus \Phi([z_2]) = \Phi([z_1+z_2])$ である．$[z_1+z_2] = [0]$ ならば，$[z_2] = [-z_1]$ なので $\Phi([z_2]) = (\wp(z_1):-\wp'(z_1):1)$ となり，$\Phi([z_1])*\Phi([z_2]) = o = \Phi([z_1+z_2])$ である．よって，この場合にも $\Phi([z_1]) \oplus \Phi([z_2]) = \Phi([z_1+z_2])$ が成立する．　□

この命題によって，格子から上のようにして定まる非特異平面 3 次曲線 E_{ω_1,ω_2} については，その演算 $\oplus$ は $\mathbb{C}$ の加法に由来することが判明した．残る問題は，非特異平面 3 次曲線が，いつ E_{ω_1,ω_2} の形になるかである．この問題に対する解答は次節で与えることにして，本節はそれに向けた注意で締め括ろう．

格子 $L(\omega_1,\omega_2)$ に対して (ω_1,ω_2) の順序は ω_2/ω_1 の虚部が正になるように決めた．すなわち $\omega_2/\omega_1 \in \mathbb{H} = \{z \in \mathbb{C} \mid \mathrm{Im}(z) > 0\}$ である．$\mathbb{H}$ を**上半平面** (upper half plane) と呼ぶ．$\tau = \omega_2/\omega_1$ とおく．ω_1 を掛ける写像 $\cdot\omega_1 : \mathbb{C} \to \mathbb{C}$ は加群の同型写像であり，$L(1,\tau)$ を $L(\omega_1,\omega_2)$ に写像する．よって，商群の間の同型写像 $\cdot\omega_1 : T_{1,\tau} \to T_{\omega_1,\omega_2}$ を引き起こす．$m\omega_1 + n\omega_2 = \omega_1(m+n\tau)$ なので，アイゼンシュタイン級数について，

$$G_k(\omega_1,\omega_2)=\sum_{\omega\in L(\omega,\omega_2)\setminus\{0\}}\frac{1}{\omega^{2k}}=\frac{1}{\omega_1^{2k}}G_k(1,\tau)$$

が成立する．よって E_{ω_1,ω_2} の定義式は

$$\begin{aligned}
&Y^2Z-4X^3+g_2(\omega_1,\omega_2)XZ^2+g_3(\omega_1,\omega_2)Z^3\\
&=Y^2Z-4X^3+\frac{1}{\omega_1^4}g_2(1,\tau)XZ^2+\frac{1}{\omega_1^6}g_3(1,\tau)Z^3\\
&=(\omega_1Y)^2\frac{Z}{\omega_1^2}-4X^3+g_2(1,\tau)X\left(\frac{Z}{\omega_1^2}\right)^2+g_3(1,\tau)\left(\frac{Z}{\omega_1^2}\right)^3
\end{aligned}$$

となるから，対角行列 $\mathrm{diag}(1,\ \omega_1,\ \omega_1^{-2})$ とその逆行列が定める射影変換によって，E_{ω_1,ω_2} と $E_{1,\tau}$ が写り合う．すなわち，図式

$$\begin{array}{ccc}
T_{1,\tau} & \xrightarrow{\cdot\omega_1} & T_{\omega_1,\omega_2}\\
\Phi\downarrow & & \downarrow\Phi\\
E_{1,\tau} & \longrightarrow & E_{\omega_1,\omega_2}
\end{array}$$

を可換にする射影変換 $E_{1,\tau}\to E_{\omega_1,\omega_2}$ が得られる．

4.4 楕円モジュラー関数

$$\varGamma:=\mathrm{SL}(2,\mathbb{Z})=\left\{\begin{pmatrix}a&b\\c&d\end{pmatrix}\middle|\,a,b,c,d\in\mathbb{Z},\ ad-bc=1\right\}$$

を**楕円モジュラー群** (elliptic modular group) と呼ぶ．$A=\begin{pmatrix}a&b\\c&d\end{pmatrix}\in\varGamma$ に対して，

$$A\cdot\tau:=\frac{a\tau+b}{c\tau+d}\qquad(\tau\in\mathbb{C})$$

とおく．このとき $ad-bc=1$ より

$$A\cdot\tau=\frac{(a\tau+b)(c\bar{\tau}+d)}{|c\tau+d|^2}=\frac{ac|\tau|^2+bd+bc(\tau+\bar{\tau})+\tau}{|c\tau+d|^2}$$

なので，

$$\mathrm{Im}(A\cdot\tau)=\frac{\mathrm{Im}(\tau)}{|c\tau+d|^2}$$

が成り立つから，$\tau\in\mathbb{H}$ ならば，$A\cdot\tau\in\mathbb{H}$ である．$A,B\in\varGamma$ に対して，$(AB)\cdot\tau=A\cdot(B\cdot\tau)$ が成立することは明白であろう．

$\tau,\tau'\in\mathbb{H}$ に対して，ある $A\in\varGamma$ が存在して $\tau'=A\cdot\tau$ となるとき，τ' と τ は同値であるという．

補題 4.16.　任意の点 $\tau\in\mathbb{H}$ は，領域

$$\mathcal{F}=\{\tau\in\mathbb{H}\mid 1<|\tau|,\ |\mathrm{Re}\,\tau|<1/2\}$$

の閉包 $\overline{\mathcal{F}}$ の点と同値である．

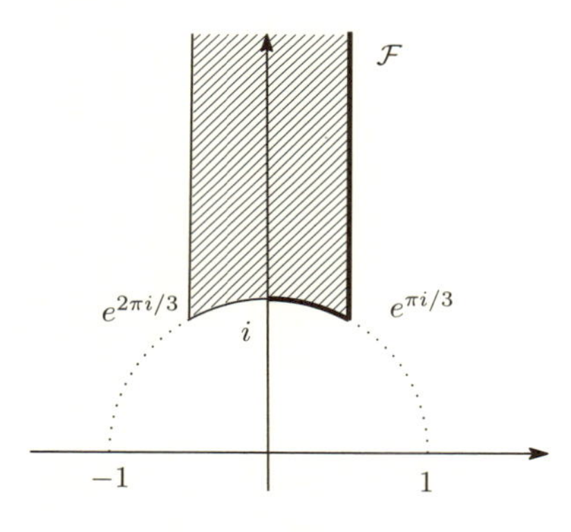

図 4.4　基本領域

《証明》　$\tau\in\mathbb{H}$ を任意にとる．$m=\min\{|\omega|\mid\omega\in L(1,\tau)\setminus\{0\}\}$ とおけば，$A\in\varGamma$ に対して

$$\mathrm{Im}(A\cdot\tau)=\frac{\mathrm{Im}(\tau)}{|c\tau+d|^2}\le\frac{\mathrm{Im}(\tau)}{m^2}$$

だから，集合 $\{\mathrm{Im}(A\cdot\tau)\mid A\in\varGamma\}$ には最大値が存在する．$A\in\varGamma$ が最大値を与えるとする．$T=\begin{pmatrix}0&1\\-1&0\end{pmatrix}\in\varGamma$ なので $\mathrm{Im}((TA)\cdot\tau)\le\mathrm{Im}(A\cdot\tau)$ でなければならない．他方，$(TA)\cdot\tau=T\cdot(A\cdot\tau)=-1/A\cdot\tau$ なので，

$$\mathrm{Im}(A\cdot\tau)\ge\mathrm{Im}((TA)\cdot\tau)=\mathrm{Im}(-1/A\cdot\tau)=\frac{1}{|A\cdot\tau|^2}\mathrm{Im}(A\cdot\tau)$$

となるから，特に $|A{\cdot}\tau| \geq 1$ である．また，$S = \begin{pmatrix} 1 & 1 \\ 0 & 1 \end{pmatrix} \in \Gamma$ だが，整数 n に対して $(S^n A){\cdot}\tau = S^n{\cdot}(A{\cdot}\tau) = A{\cdot}\tau + n$ となるので，$\mathrm{Im}(S^n A{\cdot}\tau) = \mathrm{Im}(A{\cdot}\tau)$ だから，上で見たように $|S^n A \cdot \tau| \geq 1$ でなければならない．適当な整数 n をとれば，$\mathrm{Re}(S^n A \cdot \tau) = \mathrm{Re}(A \cdot \tau) + n$ は区間 $(-1/2, 1/2]$ に入る．　□

補題 4.17.　2 以上の整数 k に対して

$$G_k(\tau) = \sum_{(m,n)\in\mathbb{Z}^2\setminus\{(0,0)\}} \frac{1}{(m+n\tau)^{2k}}$$

は，上半平面 $\mathbb{H}$ 上の正則関数である．また，

$$\lim_{\mathrm{Im}\tau\to\infty} G_k(\tau) = 2\zeta(2k) = 2\sum_{n=1}^{\infty} \frac{1}{n^{2k}}$$

が成立する．ここに，ζ はリーマン (Riemann) のゼータ関数である．

《証明》　級数が $\mathbb{H}$ 上で広義一様収束することを示す．$\mathbb{H}$ のコンパクト集合 K を任意にとると，それを内部に含むような矩形 $\{\tau \in \mathbb{H} \mid |\mathrm{Re}\ \tau| \leq a,\ 0 < b \leq \mathrm{Im}\ \tau \leq c\}$ が存在する．よって K は最初からこのような矩形だとしてよい．$\tau \in K$ に対して $d(\tau) = \min\{\mathrm{Im}\ \tau,\ \mathrm{Im}\ \tau/|\tau|\}$ とおき，$\rho = \rho(K) = \min\{d(\tau) \mid \tau \in K\}$ と定める．ここで，正整数 l に対して $A_l = \{m + n\tau \mid |m| \leq l,\ |n| \leq l\}$ とおけば $\#(A_l \setminus A_{l-1}) = 8l$ であり，任意の $\omega \in A_l \setminus A_{l-1}$ に対して $|\omega| > ld \geq l\rho$ が成り立つ．よって，

$$\sum_{\omega\in A_l\setminus A_{l-1}} \frac{1}{|\omega|^{2k}} \leq \sum_{\omega\in A_l\setminus A_{l-1}} \frac{1}{\rho^{2k} l^{2k}} = \frac{8l}{\rho^{2k} l^{2k}} = \frac{8}{\rho^{2k}} \frac{1}{l^{2k-1}}$$

となるから，$k \geq 2$ のとき

$$G_k = \sum_{l=1}^{\infty} \left(\sum_{\omega\in A_l\setminus A_{l-1}} \frac{1}{|\omega|^{2k}} \right) < \frac{8}{\rho^{2k}} \sum_{l=1}^{\infty} \frac{1}{l^{2k-1}} < \infty$$

である．よって問題の級数は K 上一様収束する．すなわち，$G_k(\tau)$ は $\mathbb{H}$ 上で広義一様に収束し，正則関数を定める．

後半を示す．明らかに $G_k(1+\tau) = G_k(\tau)$ が成立するから，極限は $\{|\mathrm{Re}\,\tau| \leq 1/2,\ \mathrm{Im}\,\tau \geq 1\}$ においてとれば十分である．項別に極限を考えればよいが，$n \neq 0$ のとき $\lim_{\mathrm{Im}\tau\to\infty}(m+n\tau)^{-1} = 1/n$ なので，

$$\lim_{\mathrm{Im}\tau\to\infty} G_k(\tau) = \sum_{n\neq 0} n^{-2k} = 2\sum_{n=1}^{\infty} n^{-2k}$$

となる．　□

補題 4.18.　$A = \begin{pmatrix} a & b \\ c & d \end{pmatrix} \in \Gamma$ に対して

$$G_k(A\cdot\tau) = (c\tau+d)^{2k} G(\tau)$$

《証明》　$A \in \Gamma$ を固定するとき，$\{(md+nb, mc+na) \mid m, n \in \mathbb{Z}\} = \mathbb{Z}^2$ であることに注意する．これは

$$B = \begin{pmatrix} d & c \\ b & a \end{pmatrix} \in \Gamma$$

であることから，明らかだろう．実際，任意に $(m,n) \in \mathbb{Z}^2$ をとって $(m',\ n') := (m,\ n)B^{-1}$ を考えれば，$(m,n) = (m',\ n')B = (m'd + n'b, m'c + n'a)$ となる．よって

$$\begin{aligned} G_k(A\cdot\tau) &= \sum_{(m,n)\neq(0,0)} \frac{1}{\left(m + n\frac{a\tau+b}{c\tau+d}\right)^{2k}} \\ &= (c\tau+d)^{2k} \sum_{(m,n)\neq(0,0)} \frac{1}{((md+nb)+(mc+na)\tau)^{2k}} \\ &= (c\tau+d)^{2k} G_k(\tau) \end{aligned}$$

である．　□

$g_2(\tau) = 60G_2(\tau)$，$g_3(\tau) = 140G_3(\tau)$ とおけば，命題 4.13 より，格子 $L(1,\tau)$ に関する $\wp$ 関数は $\wp'(z)^2 = 4\wp(z)^3 - g_2(\tau)\wp(z) - g_3(\tau)$ をみたし，さらに $\Delta(\tau) = (g_2(\tau)^3 - 27g_3(\tau)^2)/16$ は零でない．

補題 4.19.　$\lim_{\mathrm{Im}\,\tau\to\infty} \Delta(\tau) = 0$.

《証明》　よく知られているように

$$\zeta(4) = \frac{\pi^4}{90},\ \zeta(6) = \frac{\pi^6}{945}$$

である (cf. [5, 補題 8.6.1], [14, 第 IX 章，§10])．よって，補題 4.16 より

$$\lim_{\mathrm{Im}\,\tau\to\infty} 16\Delta(\tau) = (60\cdot 2\zeta(4))^3 - 27(140\cdot 2\zeta(6))^2 = 0$$

となる．□

補題 4.20.　$G_2(e^{\pi\mathrm{i}/3}) = 0$, $G_3(\mathrm{i}) = 0$ である．

《証明》　和 $\sum_{(m,n)\in\mathbb{Z}^2\setminus\{(0,0)\}}$ を $\sum'$ と略記する．$\rho = e^{\pi\mathrm{i}/3}$ とおけば，$\rho^3 = -1$, $\rho^2 - \rho + 1 = 0$ をみたす．このとき，

$$\begin{aligned}G_2(\rho) &= \sum{}' \frac{1}{(m+n\rho)^4} = \sum{}' \frac{1}{\rho^4(-m\rho^2+n)^4}\\ &= \frac{-1}{\rho}\sum{}'\frac{1}{(n+m-m\rho)^4} = \frac{-1}{\rho}\sum{}'\frac{1}{(m+n\rho)^4}\\ &= \frac{-1}{\rho}G_2(\rho)\end{aligned}$$

なので，$G_2(\rho) = 0$ である．また，

$$\begin{aligned}G_3(\mathrm{i}) &= \sum{}'\frac{1}{(m+n\mathrm{i})^6} = \sum{}'\frac{1}{\mathrm{i}^6(n-m\mathrm{i})^6}\\ &= -\sum{}'\frac{1}{(n-m\mathrm{i})^6} = -G_3(\mathrm{i})\end{aligned}$$

より，$G_3(\mathrm{i}) = 0$ である．□

上半平面 $\mathbb{H}$ 上の正則関数

$$j(\tau) = \frac{12^3\, g_2(\tau)^3}{g_2(\tau)^3 - 27g_3(\tau)^2}$$

は，補題 4.18 より，任意の $A \in \mathit{\Gamma}$ に対して

$$j(A\cdot\tau) = j(\tau)$$

をみたす．このように $\mathit{\Gamma}$ (あるいはその部分群)の作用で不変な性質をもつ関数を，**楕円モジュラー関数** (elliptic modular function) という．補題 4.20 と $\Delta(\tau) \neq 0$ より，$j(e^{\pi\mathrm{i}/3}) = 0$, $j(\mathrm{i}) = 12^3$ なので，$j(\tau)$ は定数関数ではない．

命題 4.21.　$j : \mathbb{H} \to \mathbb{C}$ は全射である.

《証明》　定値でない正則関数は開写像なので(領域保存の法則), $j(\mathbb{H})$ は $\mathbb{C}$ の開集合である. $\mathbb{C}$ は連結なので, $j(\mathbb{H})$ が閉集合であれば, $j(\mathbb{H}) = \mathbb{C}$ が成立する. $j(\mathbb{H})$ が閉集合であることを示すためには, 点 $a \in \mathbb{C}$ に収束する点列 $\{j(\tau_n) \mid \tau_n \in \mathbb{H}\}_{n=0}^{\infty} \subset j(\mathbb{H})$ をとるとき, $a \in j(\mathbb{H})$ であることを示せばよい. 補題 4.16 より, 適当な Γ の元で変換することによって, $\{\tau_n\}_{n=0}^{\infty} \subset \overline{\mathcal{F}}$ であると仮定してよい.

$\{\mathrm{Im}\ \tau_n\}_{n=0}^{\infty}$ が有界でなければ, $\overline{\mathcal{F}}$ の形状より, $\mathrm{Im}\ \tau_n \to \infty$ と仮定してよい. しかしこのとき, 補題 4.19 より $j(\tau_n) \to \infty$ となってしまうから, $\{j(\tau_n)\}$ が $a \in \mathbb{C}$ に収束するという仮定に矛盾する. よって, $\{\mathrm{Im}\ \tau_n\}_{n=0}^{\infty}$ は有界だとしてよい. ある正定数 C が存在して, 任意の n に対して $\mathrm{Im}\ \tau_n \leq C$ が成立すると仮定する. このとき, $K = \{\tau \in \overline{\mathcal{F}} \mid \mathrm{Im}\ \tau \leq C\}$ はコンパクト集合なので, 必要ならば $\{\tau_n\}$ の部分列をとることによって, $\{\tau_n\}$ が $\tau \in K$ に収束するとしてよい. $K \subset \overline{\mathcal{F}} \subset \mathbb{H}$ だから $\tau \in \mathbb{H}$ であり, j の連続性から $j(\tau) = a$ が成り立つ. よって $a \in j(\mathbb{H})$ である. □

系 4.22.　$g_2^3 - 27g_3^2 \neq 0$ をみたす任意の複素数の組 (g_2, g_3) に対して, $g_2 = g_2(\omega_1, \omega_2)$, $g_3 = g_3(\omega_1, \omega_2)$ となるような格子 $L(\omega_1, \omega_2)$ が存在する.

《証明》　$j : \mathbb{H} \to \mathbb{C}$ は全射なので, $j(\tau) = \frac{12^3 g_2^3}{g_2^3 - 27g_3^2}$ をみたす $\tau \in \mathbb{H}$ が存在する. そこでまず,

$$\rho^{12} = \frac{g_2(\tau)^3 - 27g_3(\tau)^2}{g_2^3 - 27g_3^2}$$

をみたす ρ を 1 つとる. 右辺は零でない複素数なので, このような ρ は 12 通りある. すなわち, ρ のとり方は 1 の 12 乗根の選び方に依存するので, 必要があれば都合のよいものにとり直すことを考える.

$G_k(\rho, \rho\tau) = \rho^{-2k} G_k(1, \tau)$ なので,

$$\frac{g_2(\rho, \rho\tau)^3}{g_2(\rho, \rho\tau)^3 - 27g_3(\rho, \rho\tau)^2} = \frac{g_2(\tau)^3}{g_2(\tau)^3 - 27g_3(\tau)^2} = \frac{j(\tau)}{12^3} = \frac{g_2^3}{g_2^3 - 27g_3^2}$$

である. ρ のとり方から $g_2(\rho, \rho\tau)^3 - 27g_3(\rho, \rho\tau)^2 = g_2^3 - 27g_3^2$ なので, これと上の等式から

$$g_2(\rho, \rho\tau)^3 = g_2^3, \quad g_3(\rho, \rho\tau)^2 = g_3^2$$

が成り立つ．$g_2(\mathrm{i}\rho, \mathrm{i}\rho\tau) = g_2(\rho, \rho\tau)$ であり $g_3(\mathrm{i}\rho, \mathrm{i}\rho\tau) = -g_3(\rho, \rho\tau)$ だから，必要ならば ρ を $\mathrm{i}\rho$ に取り替えることにより，最初から，$g_3(\rho, \rho\tau) = g_3$ と仮定できる．次に 1 の 6 乗根 η をとれば，$g_3(\eta\rho, \eta\rho\tau) = g_3(\rho, \rho\tau)$ であり $g_2(\eta\rho, \eta\rho\tau) = \eta^{-4} g_2(\rho, \rho\tau) = \eta^2 g_2(\rho, \rho\tau)$ だから，η をうまく選べば，$g_2(\eta\rho, \eta\rho\tau) = g_2$ であるようにできる．

以上より，最初から ρ をうまく選べば，$g_2(\rho, \rho\tau) = g_2$ かつ $g_3(\rho, \rho\tau) = g_3$ が成り立つようにできる．そこで，$\omega_1 = \rho, \omega_2 = \rho\tau$ とおけば，$L(\omega_1, \omega_2)$ が求める格子である． □

したがって，

> ワイエルシュトラスの標準形で与えられる平面 3 次曲線は，ある格子 $L(\omega_1, \omega_2)$ から定まる E_{ω_1, ω_2} となる．

一方，任意の非特異平面 3 次曲線は射影変換によりワイエルシュトラスの標準形に変換できたから，その上の加法 $\oplus$ は $\mathbb{C}$ の加法に由来することがわかった．

▷ **注意 4.23.** いくつか補足する．

(1) $\wp(z)$ を格子 $L(1, \tau)$ から定まる $\wp$ 関数とする．このとき §3.1 の考察から，

$$\lambda(\tau) = \frac{\wp(\tau/2) - \wp(1/2)}{\wp((1+\tau)/2) - \wp(1/2)}$$

とおけば，$E_{1,\tau}$ のルジャンドル標準形は $Y^2 Z = X(X - Z)(X - \lambda(\tau) Z)$ となり，

$$j(\tau) = 2^8 \frac{(\lambda(\tau)^2 - \lambda(\tau) + 1)^3}{\lambda(\tau)^2 (\lambda(\tau) - 1)^2}$$

が成立する．すなわち，次のような $j(\tau)$ の分解が得られる．

$$\begin{array}{ccc} \mathbb{H} & \xrightarrow{\lambda} & \mathbb{C} \setminus \{0, 1\} \\ & \searrow^{j} & \downarrow 2^8 \frac{(z^2 - z + 1)^3}{z^2 (1-z)^2} \\ & & \mathbb{C} \end{array}$$

関数 $\lambda(\tau)$ は Γ の部分群

$$\Gamma(2) = \left\{ A = \begin{pmatrix} a & b \\ c & d \end{pmatrix} \in \Gamma \mid a \equiv d \equiv 1,\ b \equiv c \equiv 0 \mod 2 \right\}$$

の任意の元 A について，$\lambda(A \cdot \tau) = \lambda(\tau)$ をみたす．$\lambda : \mathbb{H} \to \mathbb{C} \setminus \{0,1\}$ は普遍被覆写像であり，$\Gamma(2)$ が被覆変換群であることが知られている(cf. [5], [1], [8])．λ, j が誘導する写像 $\bar{\lambda} : \mathbb{H}/\Gamma(2) \to \mathbb{C} \setminus \{0,1\}$, $\bar{j} : \mathbb{H}/\Gamma \to \mathbb{C}$ および自然な写像 $\mathbb{H}/\Gamma(2) \to \mathbb{H}/\Gamma$ に対して，可換図式

$$\begin{array}{ccc} \mathbb{H}/\Gamma(2) & \xrightarrow[\simeq]{\bar{\lambda}} & \mathbb{C} \setminus \{0,1\} \\ {\scriptstyle 6:1}\downarrow & & \downarrow {\scriptstyle 2^8 \frac{(z^2-z+1)^3}{z^2(1-z)^2}} \\ \mathbb{H}/\Gamma & \xrightarrow[\bar{j}]{} & \mathbb{C} \end{array}$$

より，$\mathbb{H}/\Gamma$ は，$\bar{j}$ を通して j 不変量全体の集合 $\mathbb{C}$ と同一視できることがわかる．こうして $\mathbb{H}/\Gamma$ を非特異平面 3 次曲線の射影同値類の集合(モジュライ空間)だと見なすことができる．

(2) $\Phi : T_{\omega_1,\omega_2} \to E_{\omega_1,\omega_2}$ は z に $(x : y : 1) = (\wp(z) : \wp'(z) : 1)$ を対応させる写像だった．関係式 $\wp'(z)^2 = 4\wp(z) - g_2\wp(z) - g_3$ より，$(0 : 1 : 0)$ を除けば E_{ω_1,ω_2} は $y^2 = 4x^3 - g_2x - g_3$ で定義されている．両辺を微分すれば E_{ω_1,ω_2} 上で $2y\mathrm{d}y = (12x^2 - g_2)\mathrm{d}x$ が成り立つ．$y \neq 0$ または $12x^2 \neq g_2$ のいずれかが成り立つから，$\mathrm{d}x/y = 2\mathrm{d}y/(12x^2 - g_2)$ は E_{ω_1,ω_2} 上の正則微分(cf. [6])を定めることがわかる．このとき

$$\int_\infty^x \frac{\mathrm{d}x}{\sqrt{4x^3 - g_2x - g_3}} = \int_\infty^x \frac{\mathrm{d}x}{y} = \int_\infty^{\wp(z)} \frac{\mathrm{d}\wp(z)}{\wp'(z)}$$

だが，これは格子 $L(\omega_1, \omega_2)$ を法として $\int_0^z \mathrm{d}z = z$ に等しい．すなわち，Φ の逆写像($\wp(z)$ の逆関数)は，最左辺の**楕円積分** (elliptic integral) で与えられる．この節では，任意の非特異平面 3 次曲線がある格子から定まることを j 不変量を用いて示したが，このように楕円積分(正則微分の積分)を考えて，その積分周期(∞ と x を結ぶ積分路の選び方から生じる多価性を消すもの)として格子を構成することもできる．

(3) 楕円関数体は $\mathbb{C}$ 上 $\wp(z)$ と $\wp'(z)$ の 2 元で生成される．この事実については，例えば[5], [14], [15], [3]を見よ．

章末問題

4.1. $L = L(\omega_1, \omega_2)$ を格子とする．級数

$$\frac{1}{z} + \sum_{\omega \in L \setminus \{0\}} \left\{ \frac{1}{z-\omega} + \frac{1}{\omega} + \frac{z}{\omega^2} \right\}$$

は，$\mathbb{C} \setminus L$ において広義一様に絶対収束することを示せ．これを $\zeta(z)$ とおいて**ワイエルシュトラスのゼータ関数**と呼ぶ．このとき，$-\zeta'(z) = \wp(z)$ であることを確認せよ．

4.2. $\mathcal{F}$ を補題 4.16 の領域とし，$\tau \in \overline{\mathcal{F}}$, $\mathrm{Re}(\tau) > -1/2$ とする．格子 $L(1, \tau)$ は，ある実数ではない複素数 α に対して $\alpha L(1, \tau) = L(1, \tau)$ となるという．ここに，$\alpha L(1, \tau) = \{\alpha\omega \mid \omega \in L(1, \tau)\}$ とおいた．このような α と τ の組をすべて求めよ．

4.3. $\mathbb{R}$ 上一次独立な ω_1, ω_2 を周期にもつ楕円関数 $f(z)$ が偶関数であるとき，$f(z)$ の位数は偶数であることを示せ．

第5章

平面曲線の局所構造

5

曲線上の点の座標を媒介変数で表示して調べることは古くから行われてきた．一般には，1つの射影平面曲線全体を媒介変数で代数的に表示することは不可能である．しかし，1点の近傍でなら，例えそれが特異点であっても可能であって，媒介変数表示を通して曲線の微視的な特徴を捉えることができる．この章で紹介するのは，ニュートン (Newton) に由来する方法である．

5.1　媒介変数表示

2変数 x, y に関するベキ級数とは，複素数係数の無限和

$$a_0 + a_{11}x + a_{12}y + a_{21}x^2 + a_{22}xy + a_{23}y^2 + \cdots$$

のことである．2変数のベキ級数全体を $\mathbb{C}[\![x, y]\!]$ で表す．自然に $\mathbb{C}[x, y] \subset \mathbb{C}[\![x, y]\!]$ と見なせる．ベキ級数は，無限に高い次数の項をもった多項式だと考えればよい．$\mathbb{C}[\![x, y]\!]$ の元 f, g に対して，多項式に対する演算を自然に拡張した形の和や積が考えられる．多項式の場合と同様に，$fg = 0$ ならば $f = 0$ または $g = 0$ が成り立ち，$\mathbb{C}[\![x, y]\!]$ も整域である．多項式の場合と違うのは，**単元** (unit) (すなわち乗法に関する逆元をもつ元) である．$\mathbb{C}[x, y]$ における単元は零でない定数だが，$\mathbb{C}[\![x, y]\!]$ における単元は，定数項が零でないベキ級数である．$\mathbb{C}[\![x, y]\!]$ の任意の元は，単元倍を法として既約元の積に一意的に分解することも知られている．ここでは，多項式として既約でも，ベキ級数として既約であるとは限らないことに注意しておこう．例えば，$f(x, y) = y^2 - x^2 - x^3$ は多項式としては既約だが，

$$\begin{aligned} f(x, y) &= (y + x\sqrt{x+1})(y - x\sqrt{x+1}) \\ &= \left(y + x(1 + \frac{x}{2} - \frac{x^2}{8} + \cdots)\right)\left(y - x(1 + \frac{x}{2} - \frac{x^2}{8} + \cdots)\right) \end{aligned}$$

のように分解されるから，ベキ級数としては可約である．ベキ級数で考えることは，幾何学的には着目している点の近傍を拡大して観察することに対応する（図 5.1）．

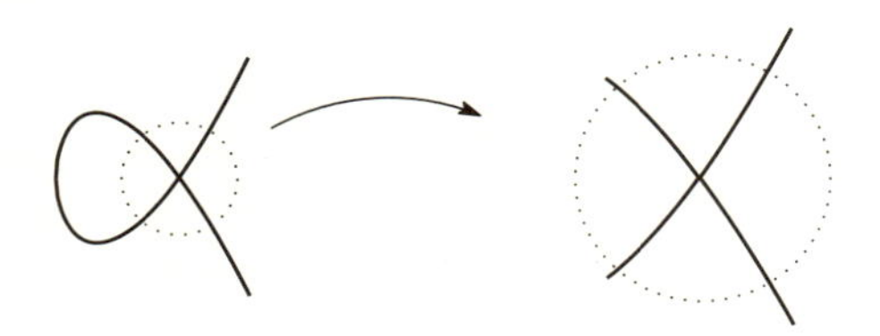

図 5.1

ベキ級数は $f(x,y)=\sum_{i=0}^{\infty} f_i(x,y)$ のように，その i 次斉次部分 $f_i(x,y)$ の和として表すことができる．$\operatorname{ord} f(x,y)=\min\{i \mid f_i(x,y)\neq 0\}$ とおき，$f(x,y)$ の**位数** (order) と呼ぶ[*1]．また，便宜上 $\operatorname{ord} 0=\infty$ と定める．1 変数ベキ級数 $\alpha(x)=\sum_{i=0}^{\infty} a_i x^i \in \mathbb{C}[\![x]\!]$ に対しても同様に，$\operatorname{ord}\alpha(x)=\min\{i \mid a_i\neq 0\}$ とおく．

$f(x,y)\in\mathbb{C}[\![x,y]\!]$ を，変数 y について整理して

$$f(x,y)=\sum_{i=0}^{\infty}\alpha_i(x)y^i \qquad (\alpha_i(x)\in\mathbb{C}[\![x]\!])$$

と書き表す．ある正整数 r があって $\operatorname{ord}\alpha_r(x)=0$ だが $0\leq i<r$ に対しては $\operatorname{ord}\alpha_i(x)>0$ が成り立つとき，$f(x,y)$ は y に関して r 次で**正常** (regular of degree r) であるという．

補題 5.1.　$f(x,y)\in\mathbb{C}[\![x,y]\!]$, $\operatorname{ord} f(x,y)=m$ とおく．このとき，f によって定まる高々m 個の複素数と一致しないように複素数 c を選べば，$g(x,y):=f(x+cy,y)$ は y に関して m 次で正常になる．

《証明》　$f(x,y)$ の m 次斉次部分 $f_m(x,y)$ を $f_m(x,y)=\sum_{i=0}^{m} a_i x^i y^{m-i}$ $(a_i\in\mathbb{C})$ のように書き下せば，不定の複素数 c について，

$$f_m(x+cy,y)=\sum_{i=0}^{m} a_i(x+cy)^i y^{m-i}$$

*1　第 2 章の記号に習えば，$\operatorname{ord} f(x,y)$ は $\operatorname{mult}_{(0,0)}(f(x,y))$ である．

$$= \left(\sum_{i=0}^{m} a_i c^i\right) y^m + x\ (y \text{ に関する低次の項})$$

となる．$(a_0, a_1, \ldots, a_m) \neq (0, \ldots, 0)$ なので，$\sum_{i=0}^{m} a_i T^i = 0$ は T に関する高々m 次の代数方程式である．その高々m 個の根ではない複素数 c をとれば，$\sum_{i=0}^{m} a_i c^i \neq 0$ とできるから，$g(x, y)$ は y に関して m 次で正常である． □

補題 5.2. y に関して次数 r で正常な $f(x, y) = \sum_{i=0}^{\infty} \alpha_i(x) y^i \in \mathbb{C}[\![x, y]\!]$ に対して，

$$v = \min_{0 \leq i < r} \frac{m_i}{r - i} \qquad (m_i = \operatorname{ord} \alpha_i(x))$$

とおく．このとき，次が成立する．

(1) $v < \infty$ のとき，互いに素な正整数 k, l を用いて $v = k/l$ と表す．このとき，複素数 a に対して

$$f(t^l, t^k(a + z)) = t^{kr} g(t, z) \qquad (g(t, z) \in \mathbb{C}[\![x, y]\!])$$

と書けるが，a をうまく選べば，$f(t^l, at^k)$ が t に関する次数 kr 以下の項をもたないようにできる．さらに，$g(t, z)$ は $s \leq r$ をみたすある正整数 s に対し，z に関して次数 s で正常である．

(2) (1) で $l > 1$ ならば $s < r$ が成り立つ．

(3) $v = \infty$ ならば $f(x, 0)$ は恒等的に零である．

《証明》 (1) $1 \leq i < r$ をみたす任意の i に対して $m_i/(r - i)$ は正の有理数であるか，または ∞ である．$v < \infty$ より v は正の有理数だから，互いに素な正整数 k, l を用いて $v = k/l$ と書ける．a を不定の複素数として $x = t^l$，$y = t^k(a + z)$ とおく．すると

$$f(t^l, t^k(a + z)) = \sum_{i} \alpha_i(t^l) t^{ki} (a + z)^i$$

となる．$\operatorname{ord}(\alpha_i(t^l) t^{ki}) = lm_i + ki$ である．

任意の i に対して $lm_i + ki \geq kr$ であることを示す．$i > r$ ならば明らかに $lm_i + ki \geq ki > kr$ である．$i < r$ のときには $m_i/(r - i) \geq v = k/l$

なので $lm_i + ki \geq kr$ が従う．$i = r$ ならば $m_r = 0$ なので，$lm_r + kr = kr$ である．よって $f(t^l, t^k(a+z))$ から t^{kr} を括り出すことができるので，$f(t^l, t^k(a+z)) = t^{kr}g(t,z)$ をみたす $g(t,z) = \sum_i \beta_i(t)z^i \in \mathbb{C}[\![t,z]\!]$ が存在する．

各 i について $\alpha_i(t^l)t^{ki} = c_i t^{kr} +$ (高次の項) とおけば，$c_r \neq 0$ であり $i > r$ のとき $c_i = 0$ となる．よって $\sum_i c_i T^i = 0$ は T に関する r 次の代数方程式である．a をこの方程式の 1 つの根とすれば，$f(t^l, t^k a)$ には t^{kr} の項がなくなる．

$$g(t,z) = \sum_{i=0}^{r} c_i(a+z)^i + (t \text{ を含む項}) = \sum_i \beta_i(t)z^i \qquad (5.1)$$

なので，$g(t,z)$ の定数項は 0 である．言い換えれば $\operatorname{ord}\beta_0(t) > 0$ である．他方，$\beta_r(t)$ の定数項は $c_r \neq 0$ だから $\operatorname{ord}\beta_r(t) = 0$ が成り立つ．よって，ある正整数 s で $s \leq r$, $\operatorname{ord}\beta_s(t) = 0$ かつ $0 \leq i < s$ に対して $\operatorname{ord}\beta_i(x) > 0$ なるものが存在する．すなわち $g(t,z)$ は z について次数 s で正常である．

(2) $l > 1$ とする．このとき v は整数ではないから，不等式 $m_{r-1} = m_{r-1}/(r-(r-1)) \geq v = k/l$ において等号は成立しない．よって $lm_{r-1} + k(r-1) > kr$ だから，$c_{r-1} = 0$ である．このとき，(5.1) において z^{r-1} の係数は $rc_r a$ だから，もし $a \neq 0$ ならば $s < r$ となる．他方，v の定義から，r より小さい正整数 r_0 で $v = m_{r_0}/(r - r_0)$ をみたすものがある．このとき $lm_{r_0} + kr_0 = kr$ なので，$c_{r_0} \neq 0$ である．よって $a = 0$ の場合には (5.1) は z^{r_0} の項を含む．したがって $s \leq r_0 < r$ となる．

(3) $v = \infty$ とする．このとき $0 \leq i < r$ に対して $m_i = \infty$, すなわち $\alpha_i(x) = 0$ である．特に $f(x,0) = \alpha_0(x) = 0$ となる．　□

上の (1) の状況で，$g(s^e, q(s))$ が恒等的に零になるような正整数 e とベキ級数 $q(s)$ があったとすれば $t = s^e$, $z = q(s)$ として

$$f(s^{el}, s^{ek}(a + q(s))) = s^{ekr}g(s^e, q(s)) = 0$$

となる．よって，$p(s) = as^{ek} + s^{ek}q(s)$ は，$f(s^{el}, p(s))$ が恒等的に零になるようなベキ級数である．この議論は $q(s) = 0$ の場合でも有効である．

命題 5.3.　$f(x,y)$ は y に関して次数 r で正常とする．このとき，定数項をもたないベキ級数 $p(t)$ と正整数 d で $f(t^d, p(t)) = 0$ をみたすものが存在する．

《証明》 $f_1 = f, r_1 = r$ とおき，列 $\{(f_j, r_j)\}_j$ を帰納的に構成する．$v = \infty$ ならば，$f(x, 0) = 0$ なので $d = 1$, $p(x) = 0$ として終了である．$v < \infty$ の場合，補題 5.2 で得られた g を f_2, s を r_2 とする．このとき，$r_2 \leq r_1$ である．$f_j(x, y)$ と r_j まで得られたとして，$f_j(x, y)$ に補題 5.2 を適用すれば，$f_j(x, 0) = 0$ であるか，または複素数 a_j, 互いに素な正整数 k_j, l_j, 正整数 h_j で

$$f_j(x^{l_j}, x^{k_j}(a_j + y)) = x^{h_j} f_{j+1}(x, y)$$

となるものがある．ここに，$f_{j+1}(x, y) \in \mathbb{C}[\![x, y]\!]$ は，y に関してある正の次数 r_{j+1} で正常であり，$r_{j+1} \leq r_j$ が成り立つ．$f_j(x, 0) = 0$ なら，ここで終了し，そうでないなら $f_{j+1}(x, y)$ に補題 5.2 を適用する．以下，同様に繰り返す．

Case 1) ある ν に対し $f_\nu(x, 0) = 0$ となる場合を考える．このとき，補題 5.2 直後の考察から，f_i と f_{i+1} の関係式を用いて，$i = \nu, \nu - 1, \ldots, 1$ に対して帰納的に $f_i(t^{e_i}, q_i(t)) = 0$ なる正整数 e_i と定数項をもたないベキ級数 $q_i(t)$ を見つけることができる．$e_1, q_1(t)$ が求めるものである．

Case 2) 構成が継続し，無限列 $\{(f_j, r_j)\}_j$ ができたとする．$\{r_j\}_{j=1}^{\infty}$ は正整数からなる減少列なので，ある番号 ν があって $r_\nu = r_{\nu+1} = r_{\nu+2} = \cdots$ となる．このとき補題 5.2 (2) より，$j \geq \nu$ に対して $l_j = 1$ でなければならない．まず，$l_\nu = 1$ なので

$$f_\nu(x, a_\nu x^{k_\nu} + x^{k_\nu} y) = x^{h_\nu} f_{\nu+1}(x, y)$$

である．y に $x^{k_{\nu+1}}(a_{\nu+1} + y)$ を代入すれば，$l_{\nu+1} = 1$ なので

$$\begin{aligned} &f(x, a_\nu x^{k_\nu} + a_{\nu+1} x^{k_\nu + k_{\nu+1}} + x^{k_\nu + k_{\nu+1}} y) \\ &= x^{h_\nu} f_{\nu+1}(x, x^{k_{\nu+1}}(a_{\nu+1} + y)) \\ &= x^{h_\nu + h_{\nu+1}} f_{\nu+2}(x, y) \end{aligned}$$

となる．これを続ければ

$$\begin{aligned} &f_\nu(x, a_\nu x^{h_\nu} + a_{\nu+1} x^{h_\nu + h_{\nu+1}} + \cdots + a_N x^{h_\nu + \cdots + h_N} + x^{h_\nu + \cdots + h_N} y) \\ &= x^{h_\nu + \cdots + h_N} f_{N+1}(x, y) \end{aligned}$$

が，任意の正整数 $N \geq \nu$ に対して成立する．よって，ベキ級数

$$p_\nu(x) = a_\nu x^{h_\nu} + a_{\nu+1} x^{h_\nu + h_{\nu+1}} + \cdots + a_N x^{h_\nu + \cdots + h_N} + \cdots$$

に対して，$f_\nu(x, p_\nu(x))$ は，ν より大きな任意の整数 N に対して，次数が $N - \nu$ 以下の項を含まないことになる．よって，$f_\nu(x, p_\nu(x))$ は恒等的に零でなければならない．このとき，補題 5.2 直後の考察から，帰納的に遡って $j \leq \nu$ に対して $f_j(t^{e_j}, p_j(t)) = 0$ となるような正整数 e_j と定数項をもたないベキ級数 $p_j(t)$ を見つけることができる．$e_1, p_1(t)$ が求めるものである．□

命題 5.3 を幾何学的に解釈すれば，原点の近傍において $f(x,y)$ の零点集合として定義される解析曲線は，媒介変数表示 $(x,y) = (t^d, p(t))$ をもつという意味である．形式的に $t = x^{1/d}$ と解けば，$y = p(x^{1/d})$ であると解釈できる．$p(x^{1/d})$ のような x の分数冪の級数を総称して**ピュイズー級数** (Puiseux series) という．$(x,y) = (t^d, p(t))$ を解析曲線 $\{f(x,y) = 0\}$ の**ピュイズー媒介変数表示** (Puiseux parametrization) と呼ぶ．

▷**例 5.4.**　$f(x,y) = y^6 - 2x^4y^3 - 9x^7y^2 - 6x^{10}y + x^8 - x^{13}$ は，y に関して 6 次で正常である．y^i の係数についてその位数はそれぞれ $m_0 = 8$, $m_1 = 10$, $m_2 = 7$, $m_3 = 4$, $m_4 = m_5 = \infty$ なので，$v = \min_{0 \leq i < 6} m_i/(6-i) = 4/3$ であり，したがって $k = 4$, $l = 3$ である．$f(t^3, t^4(a+z)) = t^{24}\{(a+z)^6 - 2(a+z)^3 - 9t^5(a+z)^2 - 6t^{10}(a+z) + 1 - t^{15}\}$ なので，$a^6 - 2a^3 + 1 = 0$ であるように a を定めればよい．すなわち a は 1 の 3 乗根である．$a = 1$ とすれば，$g(t,z) = (1+z)^6 - 2(1+z)^3 - 9t^5(1+z)^2 - 6t^{10}(1+z) + 1 - t^{15} = z^6 + 6z^5 + 15z^4 + 18z^3 + 9(1-t^5)z^2 - 6t^5(t^5+3)z - 9t^5 - 6t^{10} - t^{15}$ となる．g は z について 2 次で正常である．$m_0 = 5$, $m_1 = 5$ だから $v_2 = 5/2$, $k_2 = 5$, $l_2 = 2$ となる．$g(s^2, s^5(b+w)) = s^{10}\{s^{20}(b+w)^6 + 6s^{15}(b+w)^5 + 15s^{10}(b+w)^4 + 18s^5(b+w)^3 + 9(1-s^{10})(b+w)^2 - 6s^5(3+s^{10})(b+w) - 9 - 6s^{10} - s^{20}\}$ なので，$9b - 9 = 0$ すなわち，$b = 1$ とすればよく，$h(s,w) = s^{20}(1+w)^6 + 6s^{15}(1+w)^5 + 15s^{10}(1+w)^4 + 18s^5(1+w)^3 + 9(1-s^{10})(1+w)^2 - 6s^5(3+s^{10})(1+w) - 9 - 6s^{10} - s^{20}$ とおけば $g(s^2, s^5(1+w)) = s^{10}h(s,w)$ が成り立つ．$h(s,w)$ は w で割り切れ，$h(s,0) = 0$ となる．すると $g(s^2, s^5(1+w)) = s^{10}h(s,w)$ より $g(s^2, s^5) = 0$

であり，$f(t^3, t^4(1+z)) = t^{24}g(t,z)$ より $f(s^6, s^8+s^{13}) = 0$ を得る．

定理 5.5. 零でない $f(x,y) \in \mathbb{C}[\![x,y]\!]$ に対して，正整数 d, 非負整数 r, d の非負な倍数 k, 定数項が零のベキ級数 $p_1(t), \ldots, p_r(t)$ および定数項が零でない $u(t,y) \in \mathbb{C}[\![t,y]\!]$ が存在して

$$f(t^d, y) = t^k(y - p_1(t)) \cdots (y - p_r(t))u(t,y)$$

が成り立つ．

《証明》 $f(x,y)$ は x で割り切れるかもしれないので，$f(x,y)$ から x の冪を可能な限り括り出して $f(x,y) = x^j g(x,y)$ とする．このとき，$g(x,y)$ はある i に対して y^i だけの項を含む．このような i の最小値を r とする．$r=0$ ならば，$g(x,y)$ は定数項が零でないので，$d=1$, $t=x$, $k=j$, $r=0$, $u(x,y) = g(x,y)$ とすればよい．$r>0$ の場合を考える．このとき，$g(x,y)$ は y に関して次数 r で正常である．命題 5.3 より，定数項が零のベキ級数 $q(s)$ と正整数 e で $g(s^e, q(s)) = 0$ となるものがある．よって $g(s^e, y)$ は $y - q(s)$ で割り切れるから，$g(s^e, y) = (y - q(s))h(s,y)$ となる．$q(s)$ の定数項が零だから，$h(s,y)$ は y に関して次数 $r-1$ で正常であることがわかる．ここで，もし

$$h(t^l, y) = (y - p_1(t)) \cdots (y - p_{r-1}(t))u(t,y)$$

となるような正整数 l, 定数項が零のベキ級数 $p_1(t), \ldots, p_{r-1}(t)$ および，定数項が零でない $u(t,y)$ が存在すれば，$s = t^l$ とおいて

$$g(t^{le}, y) = (y - q(t^l))(y - p_1(t)) \cdots (y - p_{r-1}(t))u(t,y)$$

を得る．よって，$p_r(t) = q(t^l)$, $d = le$ とおけば

$$f(t^d, y) = t^{dj}(y - p_1(t)) \cdots (y - p_r(t))u(t,y)$$

となる．したがって，$h(s,y)$ に対して上記のような分解を示せばよいが，g から h を得たのと全く同様の論法で，補題 5.2 を用いて y に関して正常となる次数を $r, r-1, r-2, \ldots$ と減らしていくことができるから，帰納的な議論によって最終的に $r=0$ の場合に帰着される． □

▷ **例 5.6.**　$f(x,y) = y^3 + (x^3+1)y^2 + x^4y - 4x^5$ とする．y に関して 2 次で正常であり，$m_0 = 5, m_1 = 4$ だから，$k = 5, l = 2$ である．$f(t^2, t^5(a+z)) = t^{10}(t^5(a+z)^3 + (t^6+1)(a+z)^2 + t^3(a+z) - 4)$ なので，$a^2 - 4 = 0$ のような a をとればよい．すなわち $a = \pm 2$ である．$a = 2$ に対して $g(t,z) = t^5z^3 + (t^6 + 6t^5 + 1)z^2 + (4t^6 + 12t^5 + t^3 + 4)z + 4t^6 + 8t^5$ とおけば $f(t^2, t^5(2+z)) = t^{10}g(t,z)$ である．$g(t,z)$ には $4z$ の項があるので，陰関数定理より $g(t,z(t)) = 0$ となるような t のベキ級数 $z(t)$ が存在する．実際，$z = \sum_{i=1}^{\infty} a_it^i$ とおけば，$g(t, \sum a_it^i) = 0$ が成立するように係数 a_i を a_1 から順に定めていくことができて，

$$z = -2t^5 - t^6 + \frac{t^8}{2} + \frac{t^9}{4} + 5t^{10} + \cdots$$

となる．このとき，$f(t^2, t^5(2+z)) = t^{10}g(t,z)$ より

$$\begin{aligned} p_1(t) &= 2t^5 + t^5\left(-2t^5 - t^6 + \frac{t^8}{2} + \frac{t^9}{4} + 5t^{10} + \cdots\right) \\ &= 2t^5 - 2t^{10} - t^{11} + \frac{t^{13}}{2} + \frac{t^{14}}{4} + 5t^{15} + \cdots \end{aligned}$$

とすれば，$f(t^2, p_1(t)) = 0$ となる．$a = -2$ に対しても全く同様に，$f(t^2, p_2(t)) = 0$ となるベキ級数

$$p_2(t) = p_1(-t) = -2t^5 - 2t^{10} + t^{11} - \frac{t^{13}}{2} + \frac{t^{14}}{4} - 5t^{15} + \cdots$$

が見つかる．定理 5.5 によれば，$f(t^2, y)$ は $(y - p_1(t))(y - p_2(t))$ で割り切れ，商は単元，すなわち定数項が零でないベキ級数 $u(t,y)$ である．これは，$f(t^2, y) = (y - p_1(t))(y - p_2(t))(y - p_3(t))u(t,y)$ の両辺を比較すれば確定させることができて，

$$u(t,y) = y + 1 + t^6 + p_1(t) + p_2(t) + \cdots = 1 + y + t^6 - 4t^{10} + \cdots$$

となる．

5.2　既約なベキ級数

ベキ級数 $f(x,y) \in \mathbb{C}[\![x,y]\!]$ で $f(0,0) = 0$ なるものを考える．補題 5.1 より，必要ならば適当な座標変換を施すことによって，初めから f は y に

ついて次数 $r > 0$ で正常であると仮定してよい．このとき，命題 5.3 より $f(t^d, p(t)) = 0$ をみたす正整数 d およびベキ級数 $p(t)$ で $p(0) = 0$ なるものが存在する．しかし，このような d はただ 1 つに定まるわけではない．例えば，正整数 e に対して $t = s^e$, $q(s) = p(s^e)$ おけば，$f(s^{de}, q(s)) = 0$ となるからである．そこで，今 d はこのような正整数のうちで最小のものであるとする．

$\zeta = e^{2\pi \mathrm{i}/d}$ を 1 の原始 d 乗根とする．$f(t^d, y)$ は t を ζt で置き換えても不変なので，$f(t^d, y)$ が $y - p(t)$ で割り切れれば，任意の $1 \le k < d$ に対して $f(t^d, y)$ は $y - p(\zeta^k t)$ でも割り切れる．

補題 5.7. $p(t)$ が零でなければ，$k = 1, 2, \ldots, d$ に対して $p(\zeta^k t)$ はすべて異なる．

《証明》 $d = 1$ ならば，示すべきことは何もないので，$d > 1$ とする．$1 \le i < j \le d$ なる i, j があって $p(\zeta^j t) = p(\zeta^i t)$ が成り立つと仮定して，矛盾を導く．$\zeta^i t = s$ とおけば，$p(\zeta^{j-i} s) = p(s)$ となる．したがって，$p(\zeta^e t) = p(t)$ が成り立つような最小の正整数 $e < d$ が存在する．このとき，e は d の約数である．これは次のようにして示すことができる．d を e で割った商を μ, 余りを ν とすると，$0 \le \nu < e$ である．このとき，$p(\zeta^\nu t) = p(\zeta^e \zeta^\nu t) = \cdots = p((\zeta^e)^\mu \zeta^\nu t) = p(\zeta^d t) = p(t)$ となるから，e の最小性から $\nu = 0$ でなければならない．すなわち，e は d の約数である．

ζ^e は 1 の原始 d/e 乗根である．$p(\zeta^e t) = p(t)$ なので，$p(t)$ は $t^{d/e}$ のベキ級数であり，$p(t) = q(t^{d/e})$ と書ける．そこで，$s = t^{d/e}$ とおけば，$f(s^e, q(s)) = 0$ となるから，d の最小性に矛盾する． □

したがって，$f(t^d, y)$ は $g = \prod_{k=1}^{d}(y - p(\zeta^k t))$ で割り切れる．g は t を ζt で置き換える操作で不変なので，t^d と y のベキ級数である．すなわち，$x = t^d$ に対して，$g \in \mathbb{C}[\![x, y]\!]$ となる．こうして，$f(x, y)$ を割り切るベキ級数 $g(x, y)$ を見つけることができる．

さて，$f(x, y)$ は既約なベキ級数とする．上の考察から，定数項が零でないベキ級数 $u(x, y)$ が存在して，

$$f(x, y) = u(x, y) \prod_{k=1}^{d} (y - p(\zeta^k x^{1/d}))$$

となる．この表示から，特に $r=d$ であることがわかる．

補題 5.8.　y について次数 $r>0$ で正常な既約ベキ級数 $f(x,y)$ に対して，$m=\operatorname{ord} f(x,y)$ とおく．このとき，f の m 次斉次部分 $f_m(x,y)$ は，ある一次式の m 乗である．

《証明》　$f(t^r,p(t))$ が恒等的に零であるような $p(0)=0$ なるベキ級数 $p(t)$ が存在する．f を単元倍すると f_m は，0 でない定数倍されるだけなので，$f(x,y)=\prod_{k=0}^{r-1}(y-p(\zeta^k x^{1/r}))$ であるとしても一般性を失わない．ここに，ζ は 1 の原始 r 乗根である．$p(t)=at^n+a_2t^{n+1}+\cdots$ $(a\neq 0, n>0)$ とおけば，$p(\zeta^k x^{1/r})=a\zeta^{kn}x^{n/r}+a_2\zeta^{k(n+1)x^{(n+1)/r}}+\cdots$ だから，f_m は，$\prod_{k=0}^{r-1}(y-a\zeta^{kn}x^{n/r})$ における最低次の斉次部分に他ならない．したがって，$m=n$ または r となり，

$$f_m=\begin{cases}(-1)^r a^r \zeta^{nr(r-1)/2}x^n, & (m=n<r\text{ のとき}),\\ (y-ax)^n, & (m=n=r\text{ のとき}),\\ y^r, & (n>r=m\text{ のとき}).\end{cases}$$

である．よって，$f_m=(\alpha x-\beta y)^m$ の形となる．　□

定理 5.9.　$f(x,y)\in\mathbb{C}[\![x,y]\!]$ は既約なベキ級数とし，$\operatorname{ord} f(x,y)=m>0$ とする．$\alpha\beta\neq 1$ であるような複素数 α,β に対して $g(x,y)=f(x+\alpha y,\beta x+y)$ とおくとき，有限個の組 (α,β) を除けば，次の (1), (2), (3) が同時に成り立つようなベキ級数 $p(t)$ が存在する．

(1) $g(t^m,p(t))$ は恒等的に零であり，$\operatorname{ord} p(t)=m$ である．

(2) 単元 $u(x,y)\in\mathbb{C}[\![x,y]\!]$ が存在して，

$$g(x,y)=u(x,y)\prod_{i=1}^{m}(y-p(\zeta^i x^{1/m}))\tag{5.2}$$

が成立する．ここに，$\zeta=e^{2\pi\mathrm{i}/m}$ である．

(3) $p(t)$ の t^m の係数を a とするとき，$g(x,y)$ の m 次斉次部分は $(y-ax)^m$ の零でない定数倍である．

《証明》　まず，補題 5.1 と同様の方法で，$\alpha\beta\neq 1$ であるような適当な複素

数 α, β をとれば，$g(x,y) = f(x+\alpha y, \beta x + y)$ の m 次斉次部分 $g_m(x,y)$ が x^m の項と y^m の項の両方を含むようにできることを示す．

$f_m(x,y) = \sum_{i=0}^m a_i x^i y^{m-i}$ とおく．このとき，$g_m(x,y) = \sum_{i=0}^m a_i (x + \alpha y)^i (\beta x + y)^{m-i}$ において y^m の係数は $\sum_{i=0}^m a_i \alpha^i$ であり，x^m の係数は $\sum_{i=0}^m a_i \beta^{m-i}$ である．方程式 $\sum_{i=0}^m a_i T^i = 0$ の根でない α と，$\sum_{i=0}^m a_i S^{m-i} = 0$ の根でない β を互いが他の逆数でないように選ぶことができる．このような α, β に対して，$g_m(x,y)$ は x^m の項と y^m の項の両方を含む．

このとき，$g(x,y)$ は y に関して次数 m で正常な既約ベキ級数だから，すでに見たように，$g(t^m, p(t))$ が恒等的に零になるような定数項をもたないベキ級数 $p(t)$ が存在する．$g_m(x,y)$ は x^m, y^m の項をともに含むから，補題 5.7 の証明から，$\mathrm{ord}\, p(t) = m$ であることが従い，(1) と (3) が成り立つ．(2) はすでに示した． □

5.3　平面曲線の局所既約分解

F を射影平面曲線とし，$p \in F$ とする．点 p の近傍で F を考えていることを強調したいときには，単に F ではなく (F, p) と表す．

適当な射影変換により，$p = (0:0:1)$ としてよい．$x = X/Z$, $y = Y/Z$ とおいて $F(x,y,1)$ を $(0,0)$ の近傍で考える．多項式 $F(x,y,1)$ をベキ級数だと考えて，

$$F(x,y,1) = u_0(x,y) \prod_{k=1}^{l} f_k(x,y)^{e_k}$$

のように，既約なベキ級数 f_k と単元 u_0 の積に分解する．原点の近傍において，既約ベキ級数で定義された曲線 $F_k = \{f_k(x,y) = 0\}$ を F の p における**解析的分枝** (analytic branch) と呼ぶ．

解析的分枝 (F_k, p) は有限個なので，すべての $f_k(x,y)$ に対して定理 5.9 の (1), (2), (3) が成り立つようなベキ級数 p_k が存在するように座標変換 $(x,y) \mapsto (x + \alpha y, \beta x + y)$ を選ぶことができる．すなわち，$m_k = \mathrm{ord}\, f_k(x,y)$ とおくとき，$f_k(x,y)$ は $(x,y) = (t_k^{m_k}, p_k(t_k))$ なるピュイズー媒介変数表示をもち，(5.2) のように表される．単元はすべて括り出して u_0 に含めてしま

えばよいので，$\zeta_k = e^{2\pi \mathrm{i}/m_k}$ とおくとき

$$f_k(x,y) = \prod_{i=1}^{m_k} (y - p_k(\zeta_k^i x^{1/m_k}))$$

であるとしてよい．

(A) ピュイズー媒介変数表示は，特異点の解消を記述していることを観察しよう．F は既約な平面曲線で，$p = (0:0:1) \in F$ は特異点であるとする．原点の近傍では，$F(x,y,1) = 0$ の特異点は原点しかないので，$k = 1, \ldots, l$ に対して $e_k = 1$ でなければならない．すなわち $F(x,y,1) = u_0(x,y) \prod_{k=1}^{l} f_k(x,y)$ である．各 k に対し，ϵ_k を十分小さな正数とし，$U_k = \{t_k \in \mathbb{C} \mid |t_k| < \epsilon_k\}$ とおく．$\varphi_k : U_k \to \mathbb{C}^2$ を $\varphi(t_k) = (t_k^{m_k}, p_k(t_k))$ で定めれば，その像が $\{f_k(x,y) = 0\}$ であり，$\varphi_k^{-1}((0,0)) = \{t_k = 0\}$ である．非交和 $\widetilde{F} = \bigsqcup_{k=1}^{l} U_k$ から F への写像 φ を，$\varphi|_{U_k} = \varphi_k$ として構成することができる．$\widetilde{F}$ は $\mathbb{C}$ の原点の近傍の非交和なので，いうまでもなく特異点はない．したがって，こうして得られた写像 $\varphi : (\widetilde{F}, \varphi^{-1}(p)) \to (F, p)$ は F の特異点 p の解消であると考えることができる．$\varphi^{-1}(p)$ は解析的分枝に対応した相異なる l 個の点からなる．

(B) 補題 2.7 の一般化として，次を示すことができる．

命題 5.10.　互いに素な斉次多項式 F, G に対して，不等式

$$i_p(F \cap G) \geq \mathrm{mult}_p(F) \cdot \mathrm{mult}_p(G)$$

が成立する．等号成立は p において F と G が共通接線をもたないときに限る．

代数的な証明は[2]にあるが，ここではピュイズー媒介変数表示を用いて命題 5.10 を証明する．

異なる 2 つの既約なベキ級数 $f(x,y)$, $g(x,y)$ に対して，$\mathrm{ord}\, f = m > 0$ かつ $\mathrm{ord}\, g = n > 0$ だとする．定理 5.9 より，適当な変数の線形変換を行えば，$f(x,y)$ も $g(x,y)$ も x と y の両方に関してそれぞれ m 次，n 次で正常であると仮定してよい．また，$f(t^m, p(t)) = 0$, $p(t) = at^m + \cdots$ および $g(s^n, q(s)) = 0$, $q(s) = bs^n + \cdots$ となるピュイズー媒介変数表示をもつ $(a, b \neq 0)$．さらに，単元 u, v と $\zeta = e^{2\pi \mathrm{i}/m}$, $\eta = e^{2\pi \mathrm{i}/n}$ を用いて

$$f(x,y) = u(x,y)\prod_{i=1}^{m}(y - p(\zeta^i x^{1/m})),$$
$$g(x,y) = v(x,y)\prod_{j=1}^{n}(y - q(\eta^j x^{1/n}))$$

のように表され，解析曲線 $\{f(x,y)=0\}$ の原点における接線は，$y=ax$ であり，$\{g(x,y)=0\}$ のそれは，$y=bx$ である．

媒介変数表示を利用して，原点 $(0,0)$ における $\{f(x,y)=0\}$ と $\{g(x,y)=0\}$ との局所交点数 $I_{(0,0)}(f,g)$ を

$$I_{(0,0)}(f,g) := \operatorname{ord} f(s^n, q(s))$$

によって定める．$H_j(s) = f(s^n, q(\eta^j s))$ とおくと，$H := \prod_{j=1}^{n} H_j(s)$ は x のベキ級数であり，

$$\operatorname{ord}_s f(s^n, q(s)) = \operatorname{ord}_x H(x)$$

が成立する．左辺は s に関する位数，右辺は x に関する位数である．実際，$H_n(s) = f(s^n, q(s)) = cs^k + \cdots$ とおけば，$H_j(s) = c\eta^{jk}s^k + \cdots$ なので，$\prod_{j=1}^{n} H_j(s) = c^n(\prod_{j=1}^{n}\eta^{jk})s^{nk} + \cdots = \pm c^n x^k + \cdots$ である．単元は位数に影響しないので，

$$\begin{aligned}
I_{(0,0)}(f,g) &= \operatorname{ord}_x \prod_{j=1}^{n} f(s^n, q(\eta^j s)) \\
&= \operatorname{ord}_x \prod_{j=1}^{n}\prod_{i=1}^{m}\Big(q(\eta^j x^{1/n}) - p(\xi^i x^{1/m})\Big) \\
&= \operatorname{ord}_x \prod_{j=1}^{n}\prod_{i=1}^{m}(bx - ax + \cdots) \\
&= \operatorname{ord}_x\,((b-a)^{mn}x^{mn} + (\text{高次の項}))
\end{aligned}$$

となる．よって，既約なベキ級数 f, g に対して

$a \neq b$ ならば $I_{(0,0)}(f,g) = mn$ であり，$a = b$ ならば $I_{(0,0)}(f,g) > mn$ である．

また，上の計算と等式

$$\begin{aligned}
&\operatorname{ord}_x \prod_{j=1}^{n}\prod_{i=1}^{m} \Big(q(\eta^j x^{1/n}) - p(\xi^i x^{1/m})\Big) \\
&= \operatorname{ord}_x \prod_{i=1}^{m}\prod_{j=1}^{n} \Big(p(\xi^i x^{1/m}) - q(\eta^j x^{1/n})\Big)
\end{aligned}$$

より，

$$I_{(0,0)}(f,g) = I_{(0,0)}(g,f) \tag{5.3}$$

であることもわかる．任意のベキ級数は既約なベキ級数の有限積となる．有限個の既約なベキ級数 f_j, g_k の積 $f = \prod_j f_j$, $g = \prod_k g_k$ に対して，

$$I_{(0,0)}(f,g) = \sum_{j,k} I_{(0,0)}(f_j, g_k) \tag{5.4}$$

と定める．すると (5.3) は f, g が必ずしも既約でない場合にも成立する．また，ベキ級数 f, g, h に対して

$$I_{(0,0)}(f, g+fh) = I_{(0,0)}(f,g) \tag{5.5}$$

が成立する．実際，f の既約因子 f_j に対してそのピュイズー媒介変数表示を $(t_j^{m_j}, p_j(t_j))$ とすれば，$f_j(t_j^{m_j}, p_j(t_j)) = 0$ だが，f_j は f を割り切るので $f(t_j^{m_j}, p_j(t_j)) = 0$ も成立する．したがって，

$$\begin{aligned}
I_{(0,0)}(f_j, g+fh) &= I_{(0,0)}(g+fh, f_j) = \operatorname{ord}(g+fh)(t_j^{m}, p_j(t_j)) \\
&= \operatorname{ord}(g(t_j^{m_j}, p_j(t_j)) + f(t_j^{m_j}, p_j(t_j))h(t_j^{m_j}, p_j(t_j))) \\
&= \operatorname{ord} g(t_j^{m_j}, p_j(t_j)) = I_{(0,0)}(f_j, g)
\end{aligned}$$

となり，(5.4) より (5.5) が得られる．

さて，共通な既約成分をもたない2つの射影平面曲線 F, G を考える．F と G の交点 p において，それぞれの解析的分枝への分解 $(F,p) = \bigcup_i (F_i, p)$,

$(G,p)=\bigcup_j(G_j,p)$ をとれば，新たな局所交点数 $I_p(F,G)=\sum_{i,j}I_p(F_i,G_j)$ を定めることができる．すでに示したように，解析曲線 F_i, G_j に対しては $I_p(F_i,G_j)\geq \mathrm{mult}_p(F_i)\,\mathrm{mult}_p(G_j)$ が成り立ち，等号成立は F_i と G_j の p における接線が異なる場合に限る．このとき，F,G についても

$$\begin{aligned} I_p(F,G) &= \sum_{i,j} I_p(F_i,G_j) \\ &\geq \sum_{i,j} \mathrm{mult}_p(F_i)\,\mathrm{mult}_p(G_j) \\ &= \mathrm{mult}_p(F)\,\mathrm{mult}_p(G) \end{aligned}$$

が成り立ち，等号が成立するのは F と G が共通接線をもたないときに限ることがわかる．したがって，命題 5.10 を示すためには，$I_p(F,G)$ と $i_p(F\cap G)$ が同一の局所交点数を定めていることを示せばよい．

各点 $p\in\mathbb{P}^2$ について，局所交点数 $i_p(F\cap G)$ は §2.6 で示したような諸性質をもつ．定義と (5.3), (5.4), (5.5) より，$I_p(F,G)$ に対しても $i_p(F\cap G)$ と同様に次が成立する．

- $I_p(F,G)\in\mathbb{Z}_{\geq 0}\cup\{\infty\}$.
- $I_p(F,G)=0 \Leftrightarrow p\notin F\cap G$.
- $I_p(F,G)=I_p(G,F)$.
- $I_p(F,GH)=I_p(F,G)+I_p(F,H)$.
- $\deg G=\deg FH$ のとき，$I_p(F,G+FH)=I_p(F,G)$.

また，次も成立する．

- F,G が異なる直線のとき，その交点 p に対して $I_p(F,G)=1$.

実際，F が直線の場合には，ベキ級数としても既約であって $(0,0)$ におけるピュイズー媒介変数表示は (t,at) の形になることは明らかである．G のピュイズー媒介変数表示を (s,bs) とすれば $b\neq a$ なので，$I_{(0,0)}(F,G)=\mathrm{ord}_x(bx-ax)=1$ となる．

命題 2.25 やベズーの定理の証明を見ればわかる通り，交点数の計算には上の 6 つの性質しか用いていない．特に最後の性質と補題 2.24 より，2 直線の交点に対して同じ値 1 を返すので，$I_p(F,G) = i_p(F \cap G)$ が成立することがわかる．

以上で，命題 5.10 の証明が完了した．

章末問題

5.1. 形式的な等式 $(1-t)(1+t+t^2+t^3+\cdots) = 1$ を用いて，定数項が零でないベキ級数は $\mathbb{C}[\![x,y]\!]$ における単元であることを示せ．

5.2. $f(x,y) = y^3 - 3x^2y - x^4 - x^2$ に対して $f(t^d, p(t)) = 0$ となるような正整数 d と定数項が零であるようなベキ級数 $p(t)$ を求めよ．

5.3. $g(x,y) = 2x + y - xy + x^3 - y^3$ に対して $g(x, q(x)) = 0$ となるようなベキ級数を $q(x) = \sum_{i=1}^{\infty} a_i x^i$ とおくとき，a_1, a_2, a_3, a_4, a_5 を求めよ．

5.4. 問題 5.2 の $f(x,y)$ と $g(x,y) = 2x^3 - 3x^2y^2 + y^4$ に対して $I_{(0,0)}(f,g)$ を計算せよ．また，平面曲線 $F(X,Y,Z) = (Y^3 - 3X^2Y)Z - X^4 - X^2Z^2$, $G(X,Y,Z) = 2X^3Z - 3X^2Y^2 + Y^4$ について，第 2 章で定義した局所交点数 $i_{(0:0:1)}(F \cap G)$ を計算して，$I_{(0,0)}(f,g) = i_{(0:0:1)}(F \cap G)$ であることを確認せよ．

第6章 プリュッカーの公式

6

F を既約な平面 d 次曲線とする．ただし，今後は特に断らない限り $d \geq 2$ とする．興味があるのは $d \geq 4$ の場合である．平面曲線の単純点に対して，その点における接線を対応させることによって，双対平面に射影曲線(双対曲線という)が定まる．プリュッカーの公式は，これら 2 つの射影平面曲線の間の数値的関係を表す式である．この章では，クレモナ (Cremona) 変換による平面曲線の特異点の標準化や種数公式を導き，その応用として[7]で一般化されたプリュッカーの公式を証明する．これによって，一般の非特異平面 4 次曲線には 28 本の複接線が存在するという古典的な事実が示される．

6.1 平面曲線の特異点とクレモナ変換

既約な平面 d 次曲線 F の特異点全体の集合を $\mathrm{Sing}(F)$ で表し，簡単のため，特異点 p における F の重複度 $\mathrm{mult}_p(F)$ を m_p と書く．

$$g^*(F) := \frac{1}{2}(d-1)(d-2) - \sum_{p \in \mathrm{Sing}(F)} \frac{1}{2} m_p(m_p - 1)$$

とおく．

命題 6.1. $g^*(F)$ は非負整数である．

《証明》 F の偏導関数 F_X は斉次 $d-1$ 次式である．重複度の定義より $m_p > 0$ ならば $\mathrm{mult}_p(F_X) \geq m_p - 1$ だから，命題 5.10 より，$i_p(F \cap F_X) \geq m_p(m_p-1)$ となる．F は既約なので F_X とは共通成分をもたない．よってベズーの定理から $d(d-1) = \#(F \cap F_X) = \sum_{p \in F \cap F_X} i_p(F \cap F_X)$ が成り立つ．したがって，$d(d-1) \geq \sum_{p \in \mathrm{Sing}(F)} m_p(m_p-1)$ である．そこで，

$$r = \frac{1}{2}(d-1)(d+2) - \sum_{p \in \mathrm{Sing}(F)} \frac{1}{2} m_p(m_p - 1)$$

とおけば，$r \geq 1$ である．他方，平面 $d-1$ 次曲線 G で，各点 $p \in \mathrm{Sing}(F)$ において $\mathrm{mult}_p(G) \geq m_p - 1$ であり，さらに指定された r 個の F の非特異点において F と交わるものが存在する．これは，次の理由による．まず，$\mathbb{C}[X,Y,Z]$ の $d-1$ 次斉次部分 S_{d-1} は $d(d+1)/2$ 次元のベクトル空間であった（cf. (2.1)）．これは斉次 $d-1$ 次式の係数全体のなす空間である．点 p で $\mathrm{mult}_p(G) \geq m_p - 1$ となるための条件は，例えば p の Z 座標が零でないなら $x = X/Z, y = Y/Z$ とおいて G を 2 変数 x, y の多項式と考えたときの p の周りのテーラー展開において，定数項から $m_p - 2$ 次の項までがすべて零になることである．したがって，テーラー展開において，全部で $1+2+\cdots+(m_p-1) = m_p(m_p-1)/2$ 個の係数が零になるという条件になる．これは G の係数に関する，$m_p(m_p-1)/2$ 個の方程式からなる連立一次方程式と見なすことができる．$\mathrm{Sing}(F)$ の各点において同様の条件を考えれば，合計で $\sum_{p \in \mathrm{Sing}(F)} m_p(m_p-1)/2$ 個の方程式からなる連立一次方程式が得られる．さらに，G が F 上の r 個の点で零になるための条件は，テーラー展開の定数項が零になることだから，1 点につき 1 つの一次方程式で与えられる．以上より，求める G は，合計 $\sum_{p \in \mathrm{Sing}(F)} m_p(m_p-1)/2 + r$ 個の方程式からなる連立一次方程式の解に対応する．今，$d(d+1)/2 - \sum_{p \in \mathrm{Sing}(F)} m_p(m_p-1)/2 - r > 0$ なので，目的の解は確かに存在する．

このように定めた G と F に対してベズーの定理を適用すれば，再び命題 5.10 より $\#(F \cap G) = d(d-1) \geq \sum_{p \in \mathrm{Sing}(F)} m_p(m_p-1) + r$ を得る．よって r の定義から，$(d-1)(d-2)/2 \geq \sum_{p \in \mathrm{Sing}(F)} m_p(m_p-1)/2$ が得られる．　□

▷ **定義 6.2.**　F の特異点 p における F の接線が相異なる m_p 本の直線であるときに，p を F の**通常特異点** (ordinary singular point) であるという．ただし，$m_p = \mathrm{mult}_p(F)$ とした．

$\mathbb{P}^2$ の斉次座標を $(X:Y:Z)$ とし，$U = \mathbb{P}^2 \setminus \mathsf{V}(XYZ)$ とおく．$\Phi((X:Y:Z)) = (YZ:ZX:XY)$ によって定まる $\mathbb{P}^2$ からそれ自身への「変換」を**基本 2 次変換**あるいは**クレモナ変換** (Cremona transformation) と呼ぶ．Φ は $p=(0:0:1)$, $q=(0:1:0)$, $r=(1:0:0)$ では定義されていない．$(0,0,0)$ は $\mathbb{P}^2$ の点を定めないからである．形式的に Φ を 2 回合成してみると

$$
\begin{aligned}
(X:Y:Z) &\to (YZ:ZX:XY) \\
&\to ((ZX)(XY):(XY)(YZ):(YZ)(ZX)) \\
&= (X^2YZ:XY^2Z:XYZ^2) \\
&= ((XYZ)X:(XYZ)Y:(XYZ)Z)
\end{aligned}
$$

となる．U の上では $XYZ \neq 0$ なので $((XYZ)X:(XYZ)Y:(XYZ)Z) = (X:Y:Z)$ となり，恒等写像である．Φ は直線 $\mathsf{V}(Z)$ を点 p に写すから，逆変換 Φ^{-1} は（したがって Φ も）p を $\mathsf{V}(Z)$ に写すものと考えられる．

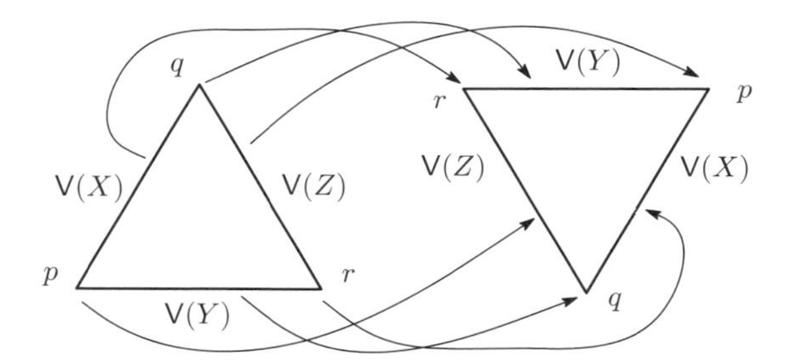

命題 6.3. $F(X,Y,Z)$ を X,Y,Z のいずれでも割り切れない d 次斉次多項式とし，3 点 $p=(0:0:1)$, $q=(0:1:0)$, $r=(1:0:0)$ における F の重複度をそれぞれ m_p, m_q, m_r とする．このとき

$$
\overline{F}(X,Y,Z) = \frac{F(YZ,ZX,XY)}{X^{m_r}Y^{m_q}Z^{m_p}}
$$

とおけば，以下が成立する．

(1) $\overline{F}$ は $2d-m_p-m_q-m_r$ 次斉次多項式で，$\overline{\overline{F}} = F$ である．

(2) $\overline{F}$ の p,q,r における重複度は，それぞれ $d-m_q-m_r$, $d-m_r-m_p$, $d-m_p-m_q$ である．

(3) F が既約ならば $\overline{F}$ も既約である．

《証明》 (1) p で重複度 m_p だから，$F(X,Y,Z) = F_{m_p}(X,Y)Z^{d-m_p} + \cdots + F_d(X,Y)$ と書ける．ここに，$F_k(X,Y)$ は k 次斉次多項式である．よって，

$$
F(YZ,ZX,XY)
$$

$$= F_{m_p}(YZ, ZX)(XY)^{d-m_p} + \cdots + F_d(YZ, ZX)$$
$$= Z^{m_p} F_{m_p}(Y, X)(XY)^{d-m_p} + \cdots + Z^d F_d(Y, X)$$
$$= Z^{m_p}\{F_{m_p}(Y, X)(XY)^{d-m_p} + \cdots + Z^{d-m_p} F_d(X, Y)\}$$

だが，$F_{m_p} \neq 0$ なので，$F(YZ, ZX, XY)$ はちょうど Z^{m_p} で割り切れる．また，q で重複度 m_q だから，全く同様の議論より $F(YZ, ZX, XY)$ はちょうど Y^{m_q} で割り切れる．同様に，r で重複度 m_r だから，$F(YZ, ZX, XY)$ はちょうど X^{m_r} で割り切れる．よって，$\overline{F}$ は，$F(YZ, ZX, XY)$ を X, Y, Z で割れるだけ割って得られる多項式に他ならない．明らかに，$\overline{F}(\lambda X, \lambda Y, \lambda Z) = \lambda^{2d-m_p-m_q-m_r}\overline{F}(X, Y, Z)$ なので，$2d - m_p - m_q - m_r$ 次の斉次多項式である．また，${}^{\Phi}({}^{\Phi}F) = {}^{\Phi}(F(YZ, ZX, XY)) = F(X^2YZ, XY^2Z, XYZ^2) = (XYZ)^d F(X, Y, Z)$ だが，仮定より F は X, Y, Z で割り切れないから，$\overline{\overline{F}} = F$ となる．

(2) (1) で見たように，$\overline{F}(X, Y, Z)X^{m_r}Y^{m_q} = F_{m_p}(Y, X)(XY)^{d-m_p} + \cdots + Z^{d-m_p}F_d(Y, X)$ となり，右辺は $X^{m_r}Y^{m_q}$ で割り切れる．よって，$\overline{F}(X, Y, Z)$ における Z の最高ベキは $d - m_p$ なので，$\overline{F}$ の点 p における重複度は，$2d - m_p - m_q - m_r - (d - m_p) = d - m_q - m_r$ である．他についても同様である．

(3) は明らかであろう．□

適当な射影変換を施すことによって，次の状況にする．すなわち，

座標系の設定

$p = (0 : 0 : 1)$ は F の重複度 m の特異点であって，2 直線 $\mathsf{V}(X)$, $\mathsf{V}(Y)$ は p における F の接線ではなく，p を除けば F とは異なる $d - m$ 個の点で交わる．直線 $\mathsf{V}(Z)$ は F と異なる d 個の点で交わるが，F は $q = (0 : 1 : 0)$, $r = (1 : 0 : 0)$ を通らない．

このとき，特に $\mathsf{V}(XYZ) = \mathsf{V}(X) \cup \mathsf{V}(Y) \cup \mathsf{V}(Z)$ 上にある F の特異点は p のみであることに注意する．

実際に，上のような座標系を選ぶことは可能である．まず，適当な射影変換で F の重複度が m の特異点 ρ を $(0 : 0 : 1)$ に写す．このとき，直線 $\mathsf{V}(Z)$ 上の任意の動点 $t = (t_0 : t_1 : 0)$ と $\rho = (0 : 1 : 0)$ を結ぶ直線 L_t の

方程式は $t_1X = t_0Y$ であり，L_t 上にある ρ を除く任意の点の斉次座標は $(t_0 : t_1 : z)$ $(z \in \mathbb{C})$ と表すことができる．点 ρ における F の接線は有限個なので，L_t がそれらではないような t ばかりを考えることにする．このとき，$\mathrm{mult}_p(F) = m$ なので補題 2.7 より $i_\rho(F, L_t) = m$ となる．よって，$L_t \setminus \{\rho\}$ が F と相異なる $d-m$ 点で交わるための必要十分条件は，z に関する方程式 $F(t_0, t_1, z) = 0$ が重根をもたないことである．これは連立方程式 $F(t_0, t_1, z) = F_Z(t_0, t_1, z) = 0$ が解をもたないことであると言い換えることができる．F は既約なので偏導関数が定める平面曲線 F_Z とは，共通成分をもたないから，ベズーの定理より，F と F_Z の交点は高々$d(d-1)$ 個である．よって $L_t \setminus \{\rho\}$ と F との交点が，これらの交点に現れないように t を選ぶことは容易にできる．事実，以上のような要請をみたさない $t \in \mathsf{V}(Z)$ は高々有限個である．異なる 2 点 $t, s \in \mathsf{V}(Z)$ をこのような点を避けてとり，2 直線 L_t, L_s を考える．点 $\rho' \in L_t \setminus (F \cap L_t)$ をとり，ρ' に対して同様の議論を行うと，$\mathbb{P}^1$ から高々有限個の点を除いた開集合を動くパラメータをもった直線で ρ' を通り，かつ F とは相異なる d 点で交わるものがとれる[*1]．その中からさらに，有限個の点 $F \cap L_s$ を通らないような直線 L を選ぶことは容易である．L_t を $\mathsf{V}(X)$ に，L_s を $\mathsf{V}(Y)$ に，L を $\mathsf{V}(Z)$ に写す射影変換をとれば，求める配置が得られる．

このとき，F に対してクレモナ変換を施せば，次が成立する．

命題 6.4. 上のように座標を設定する．このとき，$U = \mathbb{P}^2 \setminus \mathsf{V}(XYZ)$ 上では，F と $\overline{F}$ は同一視できる．特に，現れる特異点の個数や対応する特異点における重複度は同一である．p, q, r は $\overline{F}$ の重複度がそれぞれ $d, d-m, d-m$ の通常特異点である．p, q, r を除けば，$\overline{F}$ は直線 $\mathsf{V}(X)$ や $\mathsf{V}(Y)$ とは交わらず，$\sum_{s \in \overline{F} \cap Z, s \neq q, r} i_s(\overline{F} \cap Z) = m$ である．

《証明》 U に関する主張は明らかである．座標軸の設定の仕方から $m_p = m$, $m_q = 0$, $m_r = 0$ なので，命題 6.3 より $\overline{F}$ は $2d-m$ 次であり，p, q, r における重複度はそれぞれ $d, d-m, d-m$ となる．しばらくの間，$\mathsf{V}(X)$, $\mathsf{V}(Y)$, $\mathsf{V}(Z)$ がどれも p, q, r における $\overline{F}$ の接線ではないと仮定する．$\#(\overline{F} \cap X) =$

---

*1 このことを「点 ρ' を通る一般の直線は，F と相異なる d 点で交わる」と表現することがある．

$d+(d-m)=i_p(\overline{F}\cap X)+i_q(\overline{F}\cap X)$ なので，$\overline{F}$ と $\mathsf{V}(X)$ の交点は，p と q の他にない．全く同様に，$\overline{F}$ と $\mathsf{V}(Y)$ の交点は p と r だけである．また，$\overline{F}$ と $\mathsf{V}(Z)$ の交点数 $2d-m$ のうち，q と r を除く点での合計は $2d-m-2(d-m)=m$ となる．

$\mathsf{V}(X), \mathsf{V}(Y), \mathsf{V}(Z)$ がどれも p, q, r における $\overline{F}$ の接線ではないこと，および p, q, r が $\overline{F}$ の通常特異点であることを示す．まず，p を考える．$F(X,Y,Z)=F_m(X,Y)Z^{d-m}+F_{m+1}(X,Y)Z^{d-m-1}+\cdots+F_d(X,Y)$ とおく．仮定より，F は $\mathsf{V}(Z)$ と異なる d 点で交わるので，$F_d(X,Y)$ は異なる d 個の一次式の積であり，F は q,r を通らないから，その中には X,Y の定数倍は含まれない．$\overline{F}(X,Y,Z)=F_m(Y,X)(XY)^{d-m}+\cdots+Z^{d-m}F_d(Y,X)$ であり，$F_d(Y,X)=0$ が p における $\overline{F}$ の接線を与えるから，$\mathsf{V}(X)$ でも $\mathsf{V}(Y)$ でもない相異なる d 本の接線をもつことになる．特に，p は $\overline{F}$ の通常特異点である．また，$\mathsf{V}(Z)$ との交点のうち，q や r と異なるものは連立方程式 $F_m(Y,X)=Z=0$ で与えられる．よって局所交点数について $\sum_{s\in\overline{F}\cap Z, s\neq q,r} i_s(\overline{F}\cap Z)=m$ が成り立つ．

次に点 q を考える．F は q を通らないので，

$$F(X,Y,Z)=G_0Y^d+G_1(X,Z)Y^{d-1}+\cdots+G_d(X,Z)$$

という形である．ここに，G_0 は非零な定数で，$G_k(X,Z)$ は k 次斉次多項式である．F と $\mathsf{V}(Y)$ は p を除けば異なる $d-m$ 個の点で交わるから，$G_d(X,Z)=X^m\overline{G}_{d-m}(X,Z)$ と書けて，$\overline{G}_{d-m}(X,Z)$ は X で割り切れず，異なる $d-m$ 個の一次式の積である．また，F は r を通らないので，$F(1,0,0)=\overline{G}_{d-m}(1,0)\neq 0$ だから，$\overline{G}_{d-m}(X,Z)$ は Z でも割り切れない．このとき，$\overline{F}(X,Y,Z)Z^m=G_0(ZX)^d+\cdots+G_d(YZ,XY)=G_0(ZX)^d+\cdots+Y^dG_d(Z,X)$ であり，q における $\overline{F}$ の接線は $G_d(Z,X)/Z^m=\overline{G}_{d-m}(Z,X)=0$ で与えられる．したがって q における $\overline{F}$ の接線は，$\mathsf{V}(X)$ でも $\mathsf{V}(Z)$ でもない相異なる $d-m$ 本の直線からなる．特に，q は $\overline{F}$ の通常特異点である．点 r についても全く同様である． □

F と $\overline{F}$ は有限個の点を除いて同一視できる．このように，ある稠密な開集合で定義された1対1写像であって，それ自身および逆写像が有理式で与えられるようなものが存在するとき，2つの射影曲線は**双有理** (birational) で

あるという.

▷ **注意 6.5.** 命題 6.4 の証明と同じ状況下で，もし点 p が F の通常 m 重点ならば，$F_m(Y,X)$ は異なる m 本の直線を与えるから，各 $s\in\overline{F}\cap \mathsf{V}(Z)$ $(s\neq q,r)$ は $\overline{F}$ の単純点であり $i_s(\overline{F}\cap Z)=1$ が成り立つ．逆に，p が F の通常特異点でなければ，$i_s(\overline{F}\cap Z)>1$ となる s が存在する．このとき，s は $\overline{F}$ の特異点であるか，または $\mathsf{V}(Z)$ を接線とする $\overline{F}$ の単純点である．s が $\overline{F}$ の特異点であるとき，s を特異点 p から**派生した特異点**と呼ぶことにする.

系 6.6. 上の状況下で，次の等式が成立する.

$$g^*(\overline{F})=g^*(F)-\sum_{s\in\overline{F}\cap Z,s\neq q,r}\frac{1}{2}m_s(m_s-1).$$

《証明》 $\mathsf{V}(XYZ)$ 上にある F の特異点は p のみである．よって $g^*(F)=(d-1)(d-2)/2-m(m-1)/2-\sum_{s\in\mathrm{Sing}(F)\cap U}m_s(m_s-1)/2$ である．他方

$$\begin{aligned}
g^*(\overline{F})&=\frac{1}{2}(2d-m-1)(2d-m-2)-\frac{1}{2}d(d-1)\\
&\quad-2\times\frac{1}{2}(d-m)(d-m-1)-\sum_{s\neq p,q,r}\frac{1}{2}m_s(m_s-1)\\
&=\frac{1}{2}(d-1)(d-2)-\frac{1}{2}m(m-1)\\
&\quad-\sum_{s\in\overline{F}\cap Z,s\neq q,r}\frac{1}{2}m_s(m_s-1)-\sum_{s\in\mathrm{Sing}(\overline{F}\cap U)}\frac{1}{2}m_s(m_s-1)
\end{aligned}$$

なので，$F\cap U$ と $\overline{F}\cap U$ の特異点の状況が全く等しいことから，等式 $g^*(\overline{F})=g^*(F)-\sum_{s\in\overline{F}\cap Z,s\neq q,r}m_s(m_s-1)/2$ が得られる. □

よって，通常特異点でない特異点があれば，それを適当な座標変換で p に写して命題 6.3 直後の「座標系の設定」がみたされるようにしてからクレモナ変換を施せば，対応する g^* の値が減るか，または g^* は減らないが $\mathsf{V}(XYZ)\cap\overline{F}$ にある特異点はすべて通常特異点になる．g^* はつねに非負なので，このような操作を通常特異点でない特異点に対して有限回繰り返せば，高々通常特異点しかもたない状態になる．いったん通常特異点しかもたない状態になれば，

通常特異点におけるクレモナ変換では g^* の値は変わらない．すなわち，次のマックス・ネーター (Max Noether) による定理が証明された．

定理 6.7.　既約な平面曲線 F は，特異点におけるクレモナ変換を有限回施すことによって，高々通常特異点しかもたないような既約平面曲線に変換される．また，そのとき，対応する g^* の値は最小になる．

この定理にいう g^* の最小値を F の**幾何種数** (geometric genus) と呼んで $g(F)$ と書く．幾何種数は非負整数である．

定理 6.8 （マックス・ネーター）.　既約平面 d 次曲線 F の幾何種数を $g(F)$ とする．各特異点 $p \in \mathrm{Sing}(F)$ に対して，その重複度を m_p とするとき，不等式 $\delta_p \geq m_p(m_p-1)/2$ をみたす正整数 δ_p が存在して

$$g(F) = \frac{1}{2}(d-1)(d-2) - \sum_{p \in \mathrm{Sing}(F)} \delta_p$$

が成り立つ．

《証明》　F を高々通常特異点しかもたない平面曲線に変換するようなクレモナ変換の列を考える．F の 1 つの特異点 p に着目し，それ自身およびそれから派生する全ての特異点(cf. 注意 6.5)に対して，番号を付して $p = p_1, \ldots, p_k$ とする．$j \geq 2$ に対して p_j はある p_i $(i < j)$ から派生した特異点である．p_i における重複度を m_i とおいて $\delta_p = \sum_{i=1}^{k} m_i(m_i-1)/2$ とおく．このようにして，F の各特異点 p に対して正整数 δ_p を定めれば，系 6.6 より幾何種数の公式が得られる．　□

定理の δ_p を特異点 p の**デルタ不変量** (delta invariant) という．

6.2　爆発と特異点解消

U を $\mathbb{C}^2$ の原点 $(0,0)$ の近傍とする．$\mathbb{C}^2$ の座標を (x,y) とし，$\mathbb{P}^1$ の斉次座標を $(s:t)$ とする．直積集合 $U \times \mathbb{P}^1$ の部分集合

$$\widetilde{U} = \{(x,y) \times (s:t) \mid xs = yt\} \subset U \times \mathbb{P}^1$$

に対して，第 1 成分への射影 $(x,y) \times (s:t) \to (x,y)$ を $\pi : \widetilde{U} \to U$ と書く．このとき，組 $(\widetilde{U}, \pi)$ あるいは単に $\widetilde{U}$ を，原点における U の**爆発** (blowing up)

という．$E = (0,0) \times \mathbb{P}^1$ とおけば，E は $\mathbb{P}^1$ と同一視できて，$\pi^{-1}(0,0) = E$ である．π を $\widetilde{U} \setminus E$ に制限すれば，$xs = yt$ より $(s:t) = (y:x)$ なので，

$$(\widetilde{U} \setminus E) \ni (x,y) \times (y:x) \xrightarrow{\pi} (x,y) \in U \setminus \{(0,0)\}$$

は，1 対 1 写像であり，これによって $\widetilde{U} \setminus E$ と $U \setminus \{(0,0)\}$ を同一視すれば，$\widetilde{U}$ は，U から原点を取り除き，その代わりに $E \simeq \mathbb{P}^1$ を差し込んだものと考えられる．E を爆発 $\pi : \widetilde{U} \to U$ の**例外曲線** (exceptional curve) と呼ぶ．$V_0 = \widetilde{U} \cap (U \times \{s \neq 0\})$, $V_1 = \widetilde{U} \cap (U \times \{t \neq 0\})$ とおけば，V_0, V_1 は $\widetilde{U}$ の開被覆を与える．

$$V_0 = \{(x,y) \times (1:t) \mid x = yt\} \simeq \{(y,t) \mid (yt,y) \in U, t \in \mathbb{C}\}$$

と同一視され，この座標を用いれば π は $(y,t) \mapsto (yt,y)$ と表現される．同様に，$V_1 \simeq \{(x,s) \mid (x,xs) \in U, s \in \mathbb{C}\}$ なる同一視が可能であり，π は $(x,s) \to (x,xs)$ となる．$V_0 \cap V_1$ においては，これら 2 つの座標 (y,t) と (x,s) が両方とも使える．両者の関係は $x = yt$, $st = 1$ である．また，$E \cap V_0 = \{y = 0\} = \{(0,t)\}$, $E \cap V_1 = \{x = 0\} = \{(0,s)\}$ である．

さて，$f(x,y)$ を 2 変数 x,y の多項式とし，$p = (0,0)$ に重複度 m の特異点をもつとすれば，$f(x,y) = f_m(x,y) + \cdots + f_d(x,y)$ のように，k 次斉次部分 $f_k(x,y)$ の和として表示される．また，

$$f_m(x,y) = \prod_{i=1}^{m} (\beta_i x - \alpha_i y)$$

と因数分解するとき，$f_m(x,y)$ は重複を許して m 本の p における接線 $\alpha_i y = \beta_i x$ を定める．$\pi : \widetilde{U} \to U$ を通じて $f(x,y)$ を $\widetilde{U}$ 上の関数だと考える．V_0 の座標 (y,t) を使えば π は $(x,y) = (yt,y)$ で与えられるから，

$$f(yt,y) = f_m(yt,y) + \cdots + f_d(yt,y) = y^m(f_m(t,1) + \cdots + y^{d-m} f_d(t,1))$$

となり，同様に V_1 の座標 (x,s) を使えば

$$f(x,xs) = f_m(x,xs) + \cdots + f_d(x,xs) = x^m(f_m(1,s) + \cdots + x^{d-m} f_d(1,s))$$

となる．どちらの場合も E の方程式の m 乗が括り出されていることに注意する．よって f が定義する曲線は，$\widetilde{U}$ 上では，E が m 重になったものと

$\{(y,t) \in V_0 \mid \tilde{f}_{V_0}(y,t)=0\}$, $\{(x,s) \in V_1 \mid \tilde{f}_{V_1}(x,s)=0\}$ の和集合である．これを C の**全変換** (total transform) と呼ぶ．ただし，

$$\begin{cases} \tilde{f}_{V_0}(y,t) = f_m(t,1) + \cdots + y^{d-m} f_d(t,1), \\ \tilde{f}_{V_1}(x,s) = f_m(1,s) + \cdots + x^{d-m} f_d(1,s) \end{cases}$$

とおいた．$V_0 \cap V_1$ では，

$$\begin{aligned} \tilde{f}_{V_0}(y,t) &= t^m f_m(1,1/t) + \cdots + y^{d-m} t^d f_d(1,1/t) \\ &= t^m \{f_m(1,s) + \cdots + (yt)^{d-m} f_d(1,s)\} \\ &= (1/s)^m \tilde{f}_{V_1}(x,s) \end{aligned}$$

となり，$s \neq 0$ なのだから，$\{\tilde{f}_{V_0}(y,t)=0\}$ と $\{\tilde{f}_{V_1}(x,s)=0\}$ は $V_0 \cap V_1$ で一致している．よって $\widetilde{C} = \{\tilde{f}_{V_0}(y,t)=0\} \cup \{\tilde{f}_{V_1}(x,s)=0\}$ は $\widetilde{U}$ 上の曲線である．$\widetilde{C}$ を $C = \{f(x,y)=0\} \cap U$ の π による**固有変換** (strict transform, proper transform) という．$\widetilde{C} \cap E$ を調べる．V_0 上では $y = f_m(t,1) = 0$ が，V_1 上では $x = f_m(1,s) = 0$ が $\widetilde{C} \cap E$ を与える．$f_m(x,y) = \prod_{i=1}^m (\beta_i x - \alpha_i y)$ より，$\widetilde{C} \cap E$ を E の斉次座標で表せば，重複を許した m 個の点 $(\alpha_i : \beta_i)$ $(1 \leq i \leq m)$ であることがわかる（点 $(\alpha_i : \beta_i)$ は原点における C の接線 $\alpha_i y = \beta_i x$ の傾きを表していることにも注意が必要である）．$\pi(\widetilde{C}) = C$ であって $\widetilde{C} \setminus (E \cap \widetilde{C})$ と $C \setminus \{(0,0)\}$ は同一視できるから，これら重複を許した m 個の点 $E \cap \widetilde{C}$ が重なって C の m 重点となることが了解される．

さて，ここで p が通常特異点であるとする．このとき，p における接線はすべて異なるから，$i \neq j$ ならば $(\alpha_i : \beta_i) \neq (\alpha_j : \beta_j)$ である．すなわち，$E \cap \widetilde{C}$ は相異なる m 点からなる．$\widetilde{C}$ が $E \cap \widetilde{C}$ の各点の近傍で非特異であることを確かめよう．上で見たように，$E \cap \widetilde{C}$ は $(y,t) = (0, \alpha_i/\beta_i)$, あるいは $(x,s) = (0, \beta_i/\alpha_i)$ で与えられる．$(\alpha_i, \beta_i) \neq (0,0)$ なので，$\beta_i \neq 0$ ならば最初の表示で，$\alpha_i \neq 0$ ならば2番めの表示を使って考えることができる．どちらでも同様なので，$\beta_i \neq 0$ とする．このとき，

$$\frac{\partial \tilde{f}_{V_0}}{\partial t}(0, \alpha_i/\beta_i) = \frac{\partial f_m}{\partial t}(0, \alpha_i/\beta_i) = \beta_i \prod_{j \neq i} (\beta_j \alpha_i/\beta_i - \alpha_j) \neq 0$$

だから，$(0, \alpha_i/\beta_i)$ を中心とする $\tilde{f}_{V_0}$ のテーラー展開は，1次の項 $t - \alpha_i/\beta_i$ から始まる．したがって，$\widetilde{C}$ は $(0, \alpha_i/\beta_i)$ において非特異である．$\widetilde{C}$ は $E \cap \widetilde{C}$

の近傍で非特異だから，爆発操作 $\widetilde{C} \to C$ は C の原点における通常特異点を解消していることになる．

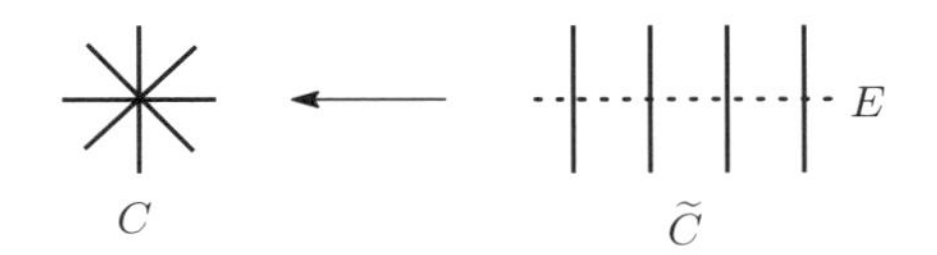

図 6.1 通常特異点の解消

通常特異点は，1 回の爆発操作で解消される．

複数の通常特異点をもつような射影平面曲線 $\overline{F}$ についても，それぞれの通常特異点における爆発を考えることで，特異点のない曲線 $\tilde{F}$ と連続写像 $\pi : \widetilde{F} \to \overline{F}$ で $\widetilde{F} \setminus \pi^{-1}\mathrm{Sing}(\overline{F}) \simeq \overline{F} \setminus \mathrm{Sing}(\overline{F})$ であるようなものが得られる．

前節では，必ずしも通常特異点とは限らない特異点をもった既約平面曲線 F が，クレモナ変換を繰り返し適用することによって，通常特異点のみを許容する平面曲線 $\overline{F}$ に変換されることを見た．そうしておいてから $\overline{F}$ の爆発による特異点解消を考えれば，もとの平面曲線 F と双有理な非特異曲線 $\widetilde{F}$ が得られることになる．この場合も，有限個の点を除いて全単射連続であるような（ある稠密開集合で定義された）写像 $\widetilde{F} \to F$ が存在するが，これは $\widetilde{F}$ 全体に連続的に拡張でき，このようにして得られる全射連続写像 $\varphi : \widetilde{F} \to F$ に対して $\widetilde{F} \setminus \varphi^{-1}\mathrm{Sing}(F)$ と $F \setminus \mathrm{Sing}(F)$ は φ を通じて同一視できることが知られている．$\varphi : \widetilde{F} \to F$ を F の**特異点解消** (resolution of singularities) といい，$\widetilde{F}$ を F の**非特異モデル** (non-singular model) と呼ぶ．非特異モデルは同型を除いて，ただ 1 つである[*2]．

▷ **例 6.9.** $f(x,y) = f_2(x,y) + \cdots + f_d(x,y)$ は原点で単純尖点をもつとする．このとき，$f_2(x,y) = (\beta x - \alpha y)^2$ とおけば，$f_3(x,y)$ は $\beta x - \alpha y$ で割り切れない．上と同様に，爆発 $\pi : \widetilde{U} \to U$ を考え，$C = \{f(x,y) = 0\} \cap U$ の固有変換を $\widetilde{C}$ とおく．$E \cap \widetilde{C}$ は 1 点 $(\alpha : \beta)$ のみである（ただし 2 重）．$\beta \neq 0$ としてよい．

*2 この辺りのことまで含めてきちんと証明するには，それなりの準備が必要であり本書の域を超える．証明は，例えば[6, §4.2]にある．

V_0 における $\widetilde{C}$ の方程式は $\tilde{f}_{V_0}(y,t)=(\beta t-\alpha)^2+yf_3(t,1)+\cdots+y^{d-2}f_d(t,1)$ だから，

$$\frac{\partial \tilde{f}_{V_0}}{\partial y}(0,\alpha/\beta)=f_3(\alpha/\beta,1)\neq 0$$

となり，$(0,\alpha/\beta)$ において非特異である．

図 6.2　単純尖点の解消

よって

単純尖点も 1 回の爆発で解消される．

しかし，任意の特異点が 1 回の爆発で解消できるわけではない．例えば，$f(x,y)=x^2-y^5$ の場合には $\tilde{f}_{V_0}(y,t)=t^2-y^3$ となって，$\widetilde{C}$ はまだ単純尖点をもつ．したがって，もう一度，単純尖点で爆発を行えば，その固有変換は非特異になる．

爆発で生じた例外曲線上にある固有変換の特異点を，p に**無限に近い特異点**という．クレモナ変換と爆発を比較すれば，これは注意 6.5 において p から派生した特異点と呼んだものに他ならないことがわかる．一般に，特異点での爆発を行って固有変換をとり，それが特異点をもてば，またその特異点での爆発を考える，という操作を(有限回)繰り返して行えば，曲線のどんな特異点でも解消することができる．すなわち，考えている特異点およびそれに無限に近いすべての特異点において爆発を繰り返せば，特異点は解消される．

6.3　種　　数

$\varphi:\widetilde{F}\to F$ を，既約な平面 d 次曲線 F の特異点解消とする．連続写像 φ は，恒等写像 $\widetilde{F}\setminus\varphi^{-1}(\mathrm{Sing}(F))\to F\setminus\mathrm{Sing}(F)$ を誘導する．$o=(0:1:0)\notin F$ とし，写像 $\rho:F\to \mathsf{V}(Y)\simeq\mathbb{P}^1$ を $\rho((X:Y:Z))=(X:Z)$ によって定め，

点 o を中心とする**線形射影** (linear projection) と呼ぶ．これは o を通るあらゆる直線 L を考え，L と F の交点 p に L と $\mathsf{V}(Y) \simeq \mathbf{P}^1$ の交点 q を対応させる写像に他ならない．さらに，$\pi : \widetilde{F} \to \mathbb{P}^1$ を $\pi = \rho \circ \varphi$ によって定める．また，

$$R = \varphi^{-1}\{(a:b:c) \in F \mid F_Y(a,b,c) = 0\},\ B = \pi(R)$$

とおけば，π によって $\widetilde{F} \setminus \pi^{-1}(B) \to \mathbb{P}^1 \setminus B$ は，いわゆる被覆写像になる．

$\widetilde{F}$ や $\mathbb{P}^1$ は向き付けられた閉曲面であり，三角形分割を通してオイラー標数が計算できる．

▷ **定義 6.10.** $\Sigma = \widetilde{F}$ または $\mathbb{P}^1$ とする．$\Delta = \{\Delta_\alpha\}_{\alpha \in A}$ が Σ の**三角形分割** (triangulation) であるとは，次の条件をみたすときにいう．

(0) 各 $\Delta_\alpha \in \Delta$ は Σ の閉部分集合であり，$\mathbb{R}^2$ 内の通常の意味での (内部も込めた) 三角形 T と同相である (このとき Δ_α も Σ 上の三角形と呼ぶ．また，T の頂点や辺に対応する Δ_α の閉部分集合をそれぞれ Δ_α の頂点，辺と呼ぶ)．

(1) $\Sigma = \bigcup_{\alpha \in A} \Delta_\alpha$.

(2) $p \in \Sigma$ が，ある Δ_α の内部にあれば，p を含む Δ の三角形は Δ_α の他にはない．

(3) $p \in \Sigma$ が，ある Δ_α の辺上にあるが Δ_α の頂点ではないとき，p を含む辺を Δ_α と共有する $\Delta_\beta \in \Delta$ $(\Delta_\beta \neq \Delta_\alpha)$ がただ 1 つ存在し，閉集合 $\Delta_\alpha \cup \Delta_\beta$ の内部は p の開近傍である．

(4) $p \in \Sigma$ が，ある三角形の頂点ならば，p を頂点として共有する有限個の三角形 $\Delta_1, \ldots, \Delta_k$ が存在して，すべての $1 \leq i \leq k$ に対して Δ_i と Δ_{i+1} はただ 1 つの辺を共有し (ただし $\Delta_{k+1} = \Delta_1$ とする)，閉集合 $\Delta_1 \cup \cdots \cup \Delta_k$ の内部は p の開近傍である．

頂点の集合を $\mathbf{v}$, 辺の集合を $\mathbf{e}$, 面の集合を $\mathbf{f}$ として $\Delta = \{\mathbf{v}, \mathbf{e}, \mathbf{f}\}$ と表す．Σ の**オイラー標数** $\chi(\Sigma)$ は，頂点，辺，面の個数の交代和 $\chi(\Sigma) = \#\mathbf{v} - \#\mathbf{e} + \#\mathbf{f}$ で与えられる．これは三角形分割のとり方に依らない．

$R \supseteq \varphi^{-1}(\mathrm{Sing}(F))$ であることを用いれば，次を示すことができる．

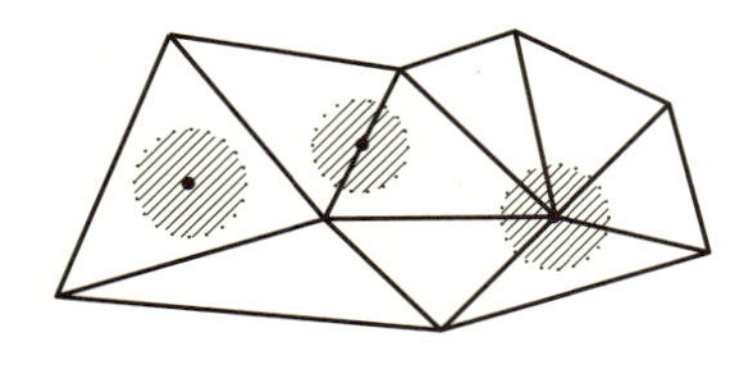

図 6.3

命題 6.11.　$B \subset \mathbf{v}$ であるような $\mathbb{P}^1$ の三角形分割 $\{\mathbf{v}, \mathbf{e}, \mathbf{f}\}$ に対して，$\widetilde{F}$ の三角形分割 $\{\widetilde{\mathbf{v}}, \widetilde{\mathbf{e}}, \widetilde{\mathbf{f}}\}$ で，$\widetilde{\mathbf{v}} = \pi^{-1}(\mathbf{v})$, $\#\widetilde{\mathbf{e}} = d \cdot \#\mathbf{e}$, $\#\widetilde{\mathbf{f}} = d \cdot \#\mathbf{f}$ をみたすものが存在する．

$p = (a : b : c) \in F$ に対して，方程式 $F(a, Y, c) = 0$ の根 $Y = b$ の重複度を $r_\pi(p)$ とおく．これは，直線 $\overline{op}$ と F との p における局所交点数に他ならない．$r_\pi(p) = 1 \Leftrightarrow F(a, b, c) = 0, F_Y(a, b, c) \neq 0$ で，$r_\pi(p) = 2 \Leftrightarrow F(a, b, c) = F_Y(a, b, c) = 0, F_{YY}(a, b, c) \neq 0$ であることに注意する．また，$R = \varphi^{-1}\{p \in F \mid r_\pi(p) > 1\}$ であって，次が成立する．

補題 6.12.　前命題の状況下で，

$$\#\widetilde{\mathbf{v}} = d \cdot \#\mathbf{v} - \sum_{p \in \varphi(R)} (r_\pi(p) - 1) + \sum_{p \in \mathrm{Sing}(F)} (\#\varphi^{-1}(p) - 1)$$

が成立する．

《証明》　ベズーの定理より，任意の $q \in \mathbb{P}^1$ に対して，$\sum_{p \in \rho^{-1}(q)} r_\pi(p) = d$ が成り立つので，$\rho^{-1}(q)$ はちょうど $d - \sum_{p \in \rho^{-1}(q)} (r_\pi(p) - 1)$ 個の点よりなることがわかる．また，$p \notin \varphi(R)$ ならば $r_\pi(p) = 1$ である．$\rho^{-1}(\mathbf{v}) \subset \varphi(R)$ だから，

$$\#\rho^{-1}(\mathbf{v}) = d \cdot \#\mathbf{v} - \sum_{p \in \varphi(R)} (r_\pi(p) - 1)$$

である．$\widetilde{F} \setminus \varphi^{-1}(\mathrm{Sing}(F)) \to F \setminus \mathrm{Sing}(F)$ は恒等写像なので，$\mathrm{Sing}(F) \subset \rho^{-1}(\mathbf{v})$ であることから，

$$\begin{aligned} \#\pi^{-1}(\mathbf{v}) &= \#\varphi^{-1}(\rho^{-1}(\mathbf{v})) \\ &= d \cdot \#\mathbf{v} - \sum_{p \in \varphi(R)} (r_\pi(p) - 1) + \sum_{p \in \mathrm{Sing}(F)} (\#\varphi^{-1}(p) - 1) \end{aligned}$$

となる. □

定理 2.14 によれば, F の特異点と変曲点は F に付随するヘッセ曲線 H_F 上にある. よって, ベズーの定理より, それらは合わせても高々$3d(d-2)$ 個である. F の特異点における接線の本数は, 高々その特異点の重複度である. 特異点および変曲点における接線からなる直線の集合を $\mathbb{L}$ とおき, $F \cup \mathbb{L}$ 上にない点 $o \in \mathbb{P}^2$ をとる. このとき, o を通るどんな直線も, F の特異点における接線にはならないし, もし F の接線になったとしても接点は変曲点ではないので, 接点 p における F との局所交点数は 2 である. このとき $r_\pi(p) = 2$ であり, 容易に確かめられるように $i_p(F \cap F_Y) = 1$ である. また, いうまでもなく $o \notin F$ だが, 適当な射影変換を施せば $o = (0:1:0)$ と仮定できる. このように中心 o を指定した線形射影について, 次が成り立つ.

定理 6.13. $\widetilde{F}$ のオイラー標数は

$$\chi(\widetilde{F}) = d(3-d) + \sum_{p \in \mathrm{Sing}(F)} \bigl(i_p(F \cap F_Y) - r_\pi(p) + \#\varphi^{-1}(p)\bigr)$$

で与えられる.

《証明》 $\mathbb{P}^1$ は位相的には球面だから, 正多面体と同相である. よって, オイラーの多面体定理より $\chi(\mathbb{P}^1) = \#\mathbf{v} - \#\mathbf{e} + \#\mathbf{f} = 2$ である. $\varphi(R) = F \cap F_Y$ なので, ベズーの定理から

$$\begin{aligned} d(d-1) &= \sum_{p \in \varphi(R)} i_p(F \cap F_Y) \\ &= \sum_{p \in \mathrm{Sing}(F)} i_p(F \cap F_Y) + \sum_{p \in \varphi(R) \setminus \mathrm{Sing}(F)} i_p(F \cap F_Y) \\ &= \sum_{p \in \mathrm{Sing}(F)} i_p(F \cap F_Y) + \sum_{p \in \varphi(R) \setminus \mathrm{Sing}(F)} (r_\pi(p) - 1) \end{aligned}$$

である. 他方, $\chi(\widetilde{F}) = \#\widetilde{\mathbf{v}} - \#\widetilde{\mathbf{e}} + \#\widetilde{\mathbf{f}}$ なので,

$$\begin{aligned} &\chi(\widetilde{F}) \\ &= d\chi(\mathbb{P}^1) - \sum_{p \in \varphi(R)} (r_\pi(p) - 1) + \sum_{p \in \mathrm{Sing}(F)} (\#\varphi^{-1}(p) - 1) \end{aligned}$$

$$= 2d - d(d-1) - \sum_{p \in \mathrm{Sing}(F)} \{(r_\pi(p) - 1) - i_p(F \cap F_Y) - (\#\varphi^{-1}(p) - 1)\}$$

である． □

系 6.14.　$p \in F$ が通常 m 重点のとき，$r_\pi(p) = m$, $i_p(F \cap F_Y) = m(m-1)$, $\#\varphi^{-1}(p) = m$ である．特に，F が通常特異点のみをもつ既約な平面 d 次曲線のとき，その非特異モデル $\widetilde{F}$ のオイラー標数は，

$$\chi(\widetilde{F}) = d(3-d) + \sum_{p \in \mathrm{Sing}(F)} m_p(m_p - 1)$$

で与えられる．

《証明》　明らかに $\#\varphi^{-1}(p) = m$ である．また，o の選び方から直線 $\overline{op}$ は F の p における接線ではないから $r_\pi(p) = m$ である．容易に確かめられるように，F と F_Y は p における接線を共有しない．したがって，命題 5.10 より $i_p(F \cap F_Y) = m(m-1)$ も成り立つ．F が高々通常特異点しかもたないとき，$\widetilde{F}$ のオイラー標数を与える公式は，前命題からの帰結である． □

定理 6.8 と系 6.14 から，F の幾何種数 $g(F)$ に対して $\chi(\widetilde{F}) = 2 - 2g(F)$ が成立することがわかる．他方，向き付けられた閉曲面 $\widetilde{F}$ のオイラー標数は，その**種数**(**示性数**) (genus) を g とすれば，

$$\chi(\widetilde{F}) = 2 - 2g$$

によって与えられることが知られている．したがって，F の幾何種数 $g(F)$ は，F の非特異モデル $\widetilde{F}$ の種数に他ならない．

定理 6.15.　既約な平面 d 次曲線 F の幾何種数は，F の非特異モデル $\widetilde{F}$ の位相的な種数 g に等しく，

$$g = \frac{1}{2}(d-1)(d-2) - \sum_{p \in \mathrm{Sing}(F)} \delta_p$$

で与えられる．特に，非特異平面 d 次曲線の種数は $(d-1)(d-2)/2$ である．

射影 $\rho : F \to \mathbb{P}^1$ の中心 o を F に関して十分一般にとれば，デルタ不変量は

$$\delta_p = \frac{1}{2}\{i_p(F \cap F_Y) - r_\pi(p) + \#\varphi^{-1}(p)\}$$

で与えられることもわかる．

6.4　双対曲線

$d \geq 2$ とする．F を既約な平面 d 次曲線とし，F° によってその単純点全体のなす集合を表す．補題 2.4 より，単純点 $p = (a : b : c) \in F$ に対して偏微分係数 $F_X(a,b,c)$，$F_Y(a,b,c)$，$F_Z(a,b,c)$ のうち少なくとも 1 つは零ではなく，p における接線の方程式は $F_X(a,b,c)X + F_Y(a,b,c)Y + F_Z(a,b,c)Z = 0$ で与えられた．よって，双対平面の点 $(F_X(a,b,c) : F_Y(a,b,c) : F_Z(a,b,c))$ と考えることができる．こうして定まる写像を $\varphi : F^\circ \to \mathbb{P}^2_*$ とおく．F の単純点に対して，その点における接線を対応させる写像に他ならない．念のために，$\varphi(F^\circ)$ が点ではない(すなわち曲線である)ことを確認しておこう．もし $\varphi(F^\circ) = (\alpha : \beta : \gamma)$ ならば，F° の任意の点 $p = (a : b : c)$ に対して

$$0 = dF(a,b,c) = aF_X(a,b,c) + bF_Y(a,b,c) + cF_Z(a,b,c) = a\alpha + b\alpha + c\alpha$$

となることが，オイラーの関係式より従う．$p \in F^\circ$ は任意だから，この式は $F^\circ \subseteq \mathsf{V}(\alpha X + \beta Y + \gamma Z)$ であることを示している．よって $\mathbb{P}^2$ において閉包をとれば，$F \subseteq \mathsf{V}(\alpha X + \beta Y + \gamma Z)$ が成り立ち，F が直線に含まれることがわかる．しかし，これは $d \geq 2$ であることに反する．したがって，F° の φ による像は点ではなく，その $\mathbb{P}^2$ における閉包 $F^* = \overline{\varphi(F^\circ)}$ は，次の規則で定まる射影平面曲線である．

$$(\alpha : \beta : \gamma) \in F^* \Leftrightarrow \begin{cases} \exists (a : b : c) \in F, \\ \alpha = F_X(a,b,c),\ \beta = F_Y(a,b,c),\ \gamma = F_Z(a,b,c). \end{cases}$$

F^* を F の**双対曲線** (dual curve) といい，F^* の次数 d^* を F の**級(クラス)** (class) と呼ぶ．名前の通り，$(F^*)^* = F$ が成立する．これは，大雑把には次のような議論で示すことができる．p を F の単純点とし，p に十分近い F の単純点 q をとる．$p^* = \varphi(p)$, $q^* = \varphi(q)$ とおく．点 $p \in \mathbb{P}^2$ は $\mathbb{P}^2_*$ では点 p^*

を通る直線だが，それが p^* における F^* の接線になることを見ればよい．直線 $\overline{p^*q^*} \subset \mathbb{P}^2_*$ は，点 $r \in \mathbb{P}^2$ に対応するが，r は p における F の接線と q における F の接線の交点に他ならない．今，q を p に近づければ，q^* は p^* に近づき，$\overline{p^*q^*}$ は p^* における F^* の接線に近づく．一方，q が p に近づくとき，r は p に近づく．よって，p は，p^* における F^* の接線に対応する（図 6.4）．

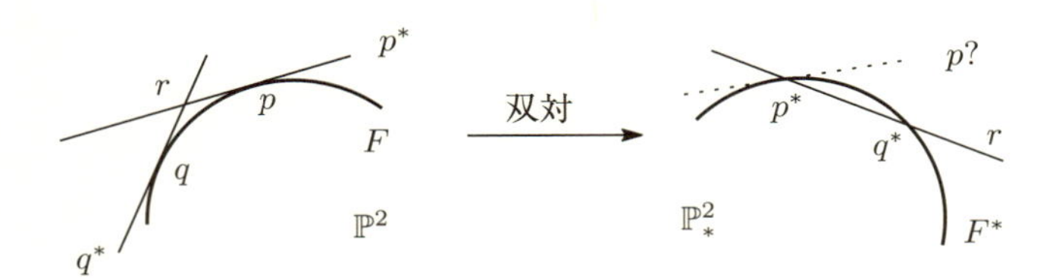

図 6.4　双対曲線

したがって，$(F^*)^*$ と F は有限個の点を除いて一致するから，$\mathbb{P}^2$ における閉包を考えれば $(F^*)^* = F$ である．特に F と F^* は双有理であり，同じ非特異モデルをもつ．

▷ **例 6.16.**　(1) $F(X,Y,Z) = X^3 + Y^3 + Z^3$ とする．このとき $F_X = 3X^2$, $F_Y = 3Y^2$, $F_Z = 3Z^2$ なので，$\mathbb{P}^2_*$ の斉次座標を $(\xi : \eta : \zeta)$ とすれば $\varphi : F \to \mathbb{P}^2_*$ は $\xi = 3X^2$, $\eta = 3Y^2$, $\zeta = 3Z^2$ で与えられる．したがって，$X = \sqrt{\xi/3}$, $Y = \sqrt{\eta/3}$, $Z = \sqrt{\zeta/3}$ のように形式的に解けるから，これらを $F = 0$ に代入すれば，$\xi^{3/2} + \eta^{3/2} = -\zeta^{3/2}$ となる．両辺を 2 乗して $\xi^3 + \eta^3 + 2(\xi\eta)^{3/2} = \zeta^3$ となるので，さらに $2(\xi\eta)^{3/2} = -\xi^3 - \eta^3 + \zeta^3$ の両辺を 2 乗して整理すれば，$\xi^6 + \eta^6 + \zeta^6 - 2\xi^3\eta^3 - 2\eta^3\zeta^3 - 2\zeta^3\xi^3 = 0$ が得られる．これが，F の双対曲線 F^* の方程式である．よって，F の級は 6 である．

(2) 一般に，F と F^* が射影同値であるとき，F は自己双対的であるという．$F(X,Y,Z) = YZ^{d-1} - X^d$ とする．$F_X = -dX^{d-1}$, $F_Y = Z^{d-1}$, $F_Z = (d-2)YZ^{d-2}$ なので，$X = (\xi/(-d))^{1/(d-1)}$, $Y = \eta^{(2-d)/(d-1)}\zeta/(d-1)$, $Z = \eta^{1/(d-1)}$ を $F = 0$ に代入して，$\eta \cdot \eta^{(2-d)/(d-1)}(\frac{\eta}{d-1}) = (\frac{\xi}{-d})^{d/(d-1)}$ となる．両辺を $d-1$ 乗して $\eta(\frac{\zeta}{d-1})^{d-1} = (\frac{\xi}{-d})^d$ を得る．よって F の級は d である．F^* の方程式が示すように，F は自己双対的である．

図 6.5 複接線と結節点，変曲点と尖点

また，F とちょうど 2 点で接する複接線は F^* の結節点になり，接線との局所交点数が 3 の変曲点は F^* の単純尖点になることが確かめられる．

補題 6.17. F の級を d^* とする．このとき，$\mathbb{P}^2$ の一般の点に対して，その点を通る F の接線はちょうど d^* 本存在する．

《証明》 次数の定義より，$\mathbb{P}^2_*$ の十分に一般の直線をとれば，F^* とは異なる d^* 個の点で交わる．その直線に対応する $\mathbb{P}^2$ の点で考えれば，その点を通る直線で F の接線になるものがちょうど d^* 本存在することになる． □

既約な平面 d 次曲線 F 上の点 p に対して，$\mathbb{P}^2$ における p の十分小さな近傍において F を考えたものを (F, p) と表す．点 p における (F, p) の解析的分枝を $(F_1, p), \ldots, (F_{s_p}, p)$ とする (cf. §5.3)．それぞれの解析的分枝 (F_j, p) について，p における F_j の重複度を m_j と書き，

$$c_{v,p} := \sum_{j=1}^{s_p}(m_j - 1)$$

とおく．また，(F, p) の δ 不変量を δ_p とし，

$$n_{v,p} := \delta_p - \sum_{j=1}^{s_p}(m_j - 1) = \delta_p - c_{v,p}$$

とおく．$c_{v,p}$, $n_{v,p}$ をそれぞれ p における F の**仮想尖点数** (the number of virtual cusps), **仮想結節点数** (the number of virtual nodes) と呼ぶ.

補題 6.18. 上の状況で，以下が成立する．

(1) $c_{v,p}$, $n_{v,p}$ は非負整数である．

(2) (F, p) が単純尖点ならば，$c_{v,p} = 1$ かつ $n_{v,p} = 0$ である．

(3) (F, p) が結節点ならば，$c_{v,p} = 0$ かつ $n_{v,p} = 1$ である．

《証明》　(1) $c_{v,p}$ が非負整数であることは明らかである．(F,p) の p における重複度は $m_p = \sum_{j=1}^{k} m_j$ に他ならない．よって，

$$n_{v,p} = \delta_p - \sum_{j=1}^{s_p}(m_j - 1) \geq \delta_p - \sum_{j=1}^{s_p} m_j + 1 = \delta_p - (m_p - 1)$$
$$\geq \frac{1}{2}m_p(m_p - 1) - (m_p - 1) = \frac{1}{2}(m_p - 1)(m_p - 2) \geq 0.$$

(F,p) が単純尖点ならば，$s_p = 1,\ m_1 = 2,\ \delta_p = 1$ である(図 6.2)．また，結節点ならば，$s_p = 2,\ m_1 = m_2 = 1,\ \delta_p = 1$ である(図 6.1)．したがって，(2), (3) を得る．　□

F の仮想尖点数と仮想結節点数を，それぞれ

$$c_v := \sum_{p \in \mathrm{Sing}(F)} c_{v,p}, \qquad n_v := \sum_{p \in \mathrm{Sing}(F)} n_{v,p} \tag{6.1}$$

によって定める．

F の幾何種数 g は，次数 d とデルタ不変量を用いて，

$$g = \frac{1}{2}(d-1)(d-2) - \sum_{p \in \mathrm{Sing}(F)} \delta_p,$$

のように表示された．したがって，$\delta_p = c_{v,p} + n_{v,p}$ より

$$g = \frac{1}{2}(d-1)(d-2) - c_v - n_v \tag{6.2}$$

が成立する．これと補題 6.18 より，次を得る．

命題 6.19.　既約な平面 d 次曲線 $F \subset \mathbb{P}^2$ に対して，仮想尖点数 c_v や仮想結節点数 n_v を上述のように定めると，以下が成立する．

(1) $c_v,\ n_v$ は非負整数である．

(2) F が単純尖点と結節点しかもたなければ，c_v は単純尖点の総数であり，n_v は結節点の総数に等しい．すなわち仮想的な 2 重点の個数は実際のものと一致する．

(3) F の幾何種数 g に対して，$2g = (d-1)(d-2) - 2c_v - 2n_v$ が成立する．

双対曲線 F^* に対しても全く同様に，仮想尖点数 $c^*_{v,p}$, c^*_v や仮想結節点数 $n^*_{v,p}$, n^*_v を定めることができて，上の命題において F, d, c_v, n_v を F^*, d^*, c^*_v, n^*_v で置き換えた命題が成立する．

6.5 プリュッカーの公式

この節では，クリコフ (Kulikov) が[7]で一般化したプリュッカーの公式を紹介する．

補題 6.20. 既約平面 d 次曲線 F に対して，次の等式が成立する．

$$d^* = 2d + 2(g-1) - c_v \tag{6.3}$$

$$c^*_v = 3d + 6(g-1) - 2c_v \tag{6.4}$$

$$d = 2d^* + 2(g-1) - c^*_v \tag{6.5}$$

$$c_v = 3d^* + 6(g-1) - 2c^*_v \tag{6.6}$$

《証明》 F と F^* は同じ非特異モデル $\widetilde{F}$ をもつ．$\varphi : \widetilde{F} \to F$, $\varphi' : \widetilde{F} \to F^*$ を特異点解消とする．$\mathbb{P}^2$, $\mathbb{P}^2_*$ の，F や F^* に関して十分に一般な点を中心とする線形射影 $\rho : F \to \mathbb{P}^1$, $\rho' : F^* \to \mathbb{P}^1$ を考え，$\pi = \rho \circ \varphi$, $\pi' = \rho' \circ \varphi'$ とおく．

各特異点 $p_i = (a_i : b_i : c_i) \in \mathrm{Sing}\,(F)$ に対して，$\varphi^{-1}(p_i) = \{q_{i,1}, \ldots, q_{i,s_{p_i}}\}$ とおく．各点 $q_{i,j}$ に対して，π の $q_{i,j}$ における分岐指数 $r(q_{i,j})$ を $F_{i,j}(a_i, Y, c_i) = 0$ の根 $Y = b_i$ における重複度と定めると，$r_\pi(p_i) = \sum_{j=1}^{s_{p_i}} r(q_{i,j})$, $\#\varphi^{-1}(p_i) = s_{p_i}$ だから，$r_\pi(p_i) - \#\varphi^{-1}(p_i) = \sum_j (r(q_{i,j}) - 1)$ となる．$r(q_{i,j})$ は対応する解析的分枝 $(F_{i,j}, p_i) \subset (F, p_i)$ の p_i における重複度 $m_{i,j}$ に他ならない．点 p_i を通る一般の直線に対して，p_i における $F_{i,j}$ との局所交点数は $F_{i,j}$ の p_i における重複度 $m_{i,j}$ に等しいからである．したがって，定義より

$$c_v = \sum_{i,j} (r(q_{i,j}) - 1)$$

を得る．また，$\deg F^* = d^*$ なので，補題 6.17 より $\mathbb{P}^2$ の十分一般な点 o を通る直線からなるペンシルは，F の非特異点における接線となるようなメン

バーをちょうど d^* 本だけ含む．以上を考慮して，$\pi : \widetilde{F} \to \mathbb{P}^1$ に補題 6.12 を適用すると

$$\begin{aligned}\#\widetilde{\mathbf{v}} &= d\#\mathbf{v} - \sum_{q\in R}(r(q)-1)\\ &= d\#\mathbf{v} - \sum_{i,j}(r(q_{i,j})-1) - d^*\cdot(2-1)\end{aligned}$$

となる．したがって，$\widetilde{F}$ のオイラー標数を計算すれば，定理 6.13 と同様に

$$2-2g = 2d - \sum_{i,j}(r(q_{i,j})-1) - d^* = 2d - c_v - d^*$$

となる．全く同様に，$\pi' : \widetilde{F} \to F^*$ を使って $\widetilde{F}$ のオイラー標数を計算することができるから，

$$2-2g = 2d^* - c_v^* - d$$

も成立する．これらは (6.3) と (6.5) に他ならない．(6.3) と (6.5) より

$$c_v^* = 2d^* + 2(g-1) - d = 2(2d + 2(g-1) - c_v) + 2(g-1) - d$$

なので，$c_v^* = 3d + 6(g-1) - 2c_v$，すなわち (6.4) を得る．(6.6) も同様である． □

定理 6.21　（クリコフ版プリュッカーの公式[7]）． 既約平面 d 次曲線 F に対して，以下の等式が成立する．

$$d^* = d(d-1) - 3c_v - 2n_v, \tag{6.7}$$

$$g = \frac{1}{2}(d-1)(d-2) - c_v - n_v, \tag{6.8}$$

$$d = d^*(d^*-1) - 3c_v^* - 2n_v^*, \tag{6.9}$$

$$g = \frac{1}{2}(d^*-1)(d^*-2) - c_v^* - n_v^* \tag{6.10}$$

《証明》　(6.8) と (6.10) はすでに示した．残りは先の補題 6.20 から従う．例えば，(6.8) より $2(g-1) = d(d-3) - 2c_v - 2n_v$ を得るが，これを (6.3) に代入すると

$$d^* = 2d + \{d(d-3) - 2c_v - 2n_v\} - c_v = d(d-1) - 3c_v - 2n_v$$

だが，これは (6.7) に他ならない． □

▷ **注意 6.22.** 特異点として単純尖点と結節点しかもたないような平面曲線を尖点曲線という．もとになるプリュッカーの公式は，F および F^* が尖点曲線であると仮定して示された．下に述べるレフシェッツの定理も，F^* が尖点曲線であるという仮定が必要だった．

系 6.23 （**レフシェッツ** (1913)）**.** F が次数 $d \geq 2$, 幾何種数 g の尖点曲線のとき，尖点の個数 c について不等式

$$c \leq \frac{3}{2}d + 3(g-1)$$

が成立する．

《証明》 $c_v^* \geq 0$ なので，(6.4) より明らか． □

▷ **例 6.24.** F を既約な平面 3 次曲線とする．

(1) F が非特異ならば，$d = 3$, $c_v = n_v = 0$, $g = 1$ なので，$d^* = 6$, $c_v^* = 9, n_v^* = 0$ である．F^* も実際に尖点曲線であって，尖点の個数は $c_v^* = 9$ となる．例えば，例 6.16 (1) の場合，$F^* = (\xi^3 + \eta^3 - \zeta^3)^2 - 4(\xi\eta)^3$ と変形できるから，$\mathsf{V}(\xi^3 + \eta^3 - \zeta^3) \cap \mathsf{V}(\xi\eta)$ の 6 点は単純尖点である．すなわち，ρ を 1 の原始 3 乗根とするとき，6 点 $(0:1:1)$, $(0:1:\rho)$, $(0:1:\rho^2)$, $(1:0:1)$, $(1:0:\rho)$, $(1:0:\rho^2)$ は F^* の単純尖点である．$F^* = (\xi^3 + \zeta^3 - \eta^3)^2 - 4(\xi\zeta)^3$ と変形すれば，$(1:1:0)$, $(1:\rho:0)$, $(1:\rho^2:0)$ も単純尖点であることがわかる．

(2) F が結節点を 1 つもつとき，$d = 3$, $c_v = 0$, $n_v = 1$, $g = 0$ なので，$d^* = 4$, $c_v^* = 3$, $n_v^* = 0$ である．

(3) F が単純尖点を 1 つもつとき，$d = 3$, $c_v = 1$, $n_v = 0$, $g = 0$ なので，$d^* = 3$, $c_v^* = 1$, $n_v^* = 0$ である．すなわち F^* も単純尖点を 1 つだけもつ既約平面 3 次曲線である．

c_v^* の値 $9, 3, 1$ はそれぞれの場合における F の変曲点の個数を表している．このように，プリュッカーの公式から定理 3.9 を導くことができる．

定理 6.25.　非特異な平面 d 次曲線 F の双対曲線 F^* に対して

$$c_v^* = 3d(d-2),$$
$$n_v^* = (d-3)(d-2)d(d+3)/2$$

である．

《証明》　(6.7) より $d^* = d(d-1)$, (6.3) より $6(g-1) = 3d^* - 6d$ である．したがって，(6.4) より $c_v^* = 3d + 6(g-1) = 3d^* - 6d = 3d(d-2)$ を得る．このとき，(6.9) より $2n_v^* = d^*(d^*-1) - d - 3c_v^* = d(d-1)(d(d-1)-1) - d - 9d(d-2) = (d-3)(d-2)(d+3)$ となる．□

c_v^* は F^* の仮想尖点数なので，F にとっては「仮想変曲点数」である．上で求めた c_v^* の値は，F とそのヘッセ曲線との交点数 $\#(F \cap H_F)$ に等しいので，これは妥当な呼称であろう．特異点のある場合にも (6.3), (6.4), (6.7) を用いて同様に等式

$$8c_v + 6n_v + c_v^* = 3d(d-2)(= \#(F \cap H_F)) \tag{6.11}$$

を示すことができる．左辺の c_v や n_v の係数である 8 や 6 は，F が尖点曲線の場合にはそれぞれ単純尖点，結節点における F とそのヘッセ曲線との局所交点数を表している．

系 6.26.　F を非特異平面 4 次曲線とする．$i_p(F \cap T_pF) = 4$ なる点 $p \in F$ が存在しないとき，F は 24 個の変曲点と 28 本の複接線をもつ．

《証明》　F^* を F の双対曲線とする．仮定から，F^* の特異点は高々結節点と単純尖点である．F の複接線は F^* の結節点となり，F の変曲点における接線は F^* の単純尖点になる．$c_v^* = 24$, $n_v^* = 28$ なので，F は 24 個の変曲点と 28 本の複接線をもつことがわかる．□

$i_p(F \cap T_pF) = 4$ なる点 $p \in F$ は接点が 2 つ重なったものだと思うことができる．こういう意味で，そういった点における接線も複接線だと考えれば，非特異平面 4 次曲線にはつねに 28 本の複接線が存在することになる．

非特異平面 4 次曲線の 28 本の複接線は，非特異 3 次曲面上にある 27 本の直線と密接に関連していて，大変興味深い対象である．古くから知られているにも関わらず，今なお新鮮な驚きを与えてくれる (cf. [13])．

章末問題

6.1. $F(X,Y,Z)=(X+Y+Z)^2(X+Y)^3-(X-Y)^5$ とおく．

(1) F の特異点は $p=(0:0:1)$ と $p'=(1:1:-2)$ のみであり，重複度はそれぞれ $\mathrm{mult}_p(F)=3$, $\mathrm{mult}_{p'}(F)=2$ であることを示せ．

(2) F と $\mathsf{V}(X)$, $\mathsf{V}(Y)$, $\mathsf{V}(Z)$ の交点を調べ，F に対して命題 6.3 の証明直後の「座標系の設定」がみたされることを確認せよ．

(3) F にクレモナ変換を施して得られる $\overline{F}$ を求め，p から派生する $\overline{F}$ の特異点の個数や重複度を調べよ．

(4) $F(X+Z/2, Y+Z/2, Z)$ を考えることにより，p' についても同様の考察をせよ．

6.2. 次の曲線の特異点を爆発によって解消せよ．

(1) $f(x,y)=y^2+x^4(x^2-1)$.

(2) $f(x,y)=y^2-x^3y-x^5$.

6.3. $F(X,Y,Z)=(X^2-Z^2)^3+Y^2Z^4$ で定義される平面曲線の種数を求めよ．

6.4. 0 でない複素数 a に対して $F(X,Y,Z)=Y^2Z^2+Z^2X^2+X^2Y^2-2XYZ(aX+aY+Z)$ の級を求めよ．

章末問題の略解

0.1. 斉次座標では $YZ^2 = X^3$ なので，無限遠点は $(0:1:0)$ の 1 点．uv 平面，st 平面では，それぞれ $v^2 = u^3$, $ts^2 = 1$.

0.2. $x = X/Z$, $y = Y/Z$ とおくと，双曲線は $b^2X^2 - a^2Y^2 = (ab)^2Z^2$ であり，$Z = 0$ との交点は $(a : \pm b : 0)$ である．$t = Y/X$, $s = Z/X$ として st 平面で見れば，楕円 $(ab)^2s^2 + a^2t^2 = b^2$ なので，$(s,t) = (0, \pm b/a)$ における接線は，$t = \pm b/a$ である．斉次座標で表せば $Y = \pm(b/a)X$ なので，xy 平面では $y = \pm(b/a)x$ となり，与えられた双曲線の漸近線に他ならない．

0.3. 連立方程式 $X^2 + Y^2 = Z^2$, $X^2 + Y^2 = 2Z^2$ を解いて，$(\pm\,\mathrm{i} : 1 : 0)$ の 2 点．2 つの 2 次曲線はこれら 2 点で接している．

1.1. 補題 1.12 の双対命題である．

1.2. 適当な対角行列による射影変換によって $X^2 + Y^2 + Z^2 - 2XY - 2YZ - 2ZX = 0$ となる．

1.3. 補題 1.25 の双対命題である．

1.4. (1) $i = 1, 2, 3$ に対して $p_i = (x_i : y_i)$ とおき，対応するベクトルを $\mathbf{p}_i = (x_i, y_i)$ とする．$\mathbf{p}_1 = \alpha\mathbf{p}_2 + \beta\mathbf{p}_3$ と表せる．行列 $\begin{pmatrix} \beta x_3 & \beta y_3 \\ \alpha x_2 & \alpha y_2 \end{pmatrix}$ は $(1,0)$, $(0,1)$, $(1,1)$ をそれぞれ $\beta(x_3, y_3)$, $\alpha(x_2.y_2)$, (x_1, y_1) に写す．この行列の逆行列が求める射影変換を与える．

(2) q_1, q_2, q_3 をそれぞれ $(1:1)$, $(0:1)$, $(1:0)$ に写す射影変換を S とする．$A(p_i) = q_i$ $(0 \le i \le 3)$ ならば，$S \circ A$ は p_1, p_2, p_3 をそれぞれ $(1:1)$, $(0:1)$, $(1:0)$ に写すので（T がこのような性質をもつ唯一の射影変換だから）$T = S \circ A$ でなければならない．このとき $T(p_0) = (S \circ A)(p_0) = S(q_0)$ なので，$[p_0, p_1; p_2, p_3] = [q_0, q_1; q_2, q_3]$ となる．逆に，複比が等しいとき，$A = S^{-1} \circ T$ とおけば，$A(p_i) = q_i$ となる．

2.1. $f(x+1, y+2) = x^2 - y^4 + x^2y^3$ なので，テーラー展開は $(x-1)^2 - (y-2)^4 + (x-1)^2(y-2)^3$．重複度は 2.

2.2. $F(X,Y,Z) = t(X^3 + Y^3 - Z^3) + X^3 + Y^3 + Z^3 - 3XYZ$ とおくと，$F_X = F_Y = F_Z = 0$ より $(t+1)X^2 = YZ$, $(t+1)Y^2 = XZ$, $(1-t)Z^2 = XY$ を得る．この連立方程式が非自明解をもつのは，$t = 0, \pm 1, (-1 \pm \sqrt{5})/2$ のとき．

2.3. $H_F = d^3(d-1)^3(XYZ)^{d-2}$ なので，η を -1 の原始 d 乗根とすれば変曲

点は $(0:1:\eta^k)$, $(\eta^k:0:1)$, $(1:\eta^k:0)$ $(k=0,1,\cdots,d-1)$ の $3d$ 個の点である．

2.4. $H_F=-8(X^2+Y^2)Z+96XY^2$．局所交点数は $(0:0:1)$ において 6, $(0:1:0)$, $(\sqrt{3}:\pm1:3\sqrt{3})$ において 1.

2.5. $i_{(0:0:1)}(F\cap G)=14$.

3.1. 略．図 3.6 参照．

3.2. $o\oplus o=o$. $p\neq o$ とする．o は変曲点なので，$p\oplus p=o$ となる条件は p における接線が o を通ること．よって，o を通る直線が接線になるときの接点を求めればよい．ルジャンドルの標準形で計算すると，$(0:0:1)$, $(1:0:1)$, $(\lambda:0:1)$. $H\simeq\mathbb{Z}/2\mathbb{Z}\bigoplus\mathbb{Z}/2\mathbb{Z}$.

3.3. 特異点をもつための必要十分条件は $a^3=1$ であり，$a=1,\zeta,\zeta^2$ のいずれの場合も 3 本の直線になる．ただし，$\zeta=(-1+\sqrt{3}\,\mathrm{i})/2$ を 1 の原始 3 乗根とした．また，ヘッセ行列式は $-54(a^2(X^3+Y^3+Z^3)-3XYZ)$ である．$a^3\neq1$ の場合の 9 個の変曲点は，$(0:1:-1)$, $(0:1:-\zeta)$, $(0:1:-\zeta^2)$, $(1:0:-1)$, $(1:0:-\zeta)$, $(1:0:-\zeta^2)$, $(1:-1:0)$, $(1:-\zeta:0)$, $(1:-\zeta^2:0)$ である．

3.4. $a^3\neq1$ のとき，$Y^2Z=4X^3-3a(a^3+8)XZ^2+(a^6-20a^3-8)Z^3$. j 不変量は $\dfrac{27a^3(a^3+8)^3}{(a^3-1)^3}$.

4.1. 任意の $R>0$ に対して，$|z|\leq R$ かつ $|\omega|>2R$ ならば $|z-\omega|\geq|\omega|-|z|\geq|\omega|-R\geq|\omega|/2$ なので，

$$\left|\frac{1}{z-\omega}+\frac{1}{\omega}+\frac{z}{\omega^2}\right|=\left|\frac{z^2}{(z-\omega)\omega^2}\right|\leq\frac{2R^2}{|\omega|^3}$$

となる．よって広義一様に絶対収束することは補題 4.14 より従う．

4.2. $\alpha,\alpha\tau\in L(1,\tau)$ なので，$\alpha=a+b\tau$ かつ $\alpha\tau=c+d\tau$ となる整数 a,b,c,d が存在する．仮定より $\alpha,\alpha\tau$ も $L(1,\tau)$ を生成するから，$ad-bc=\pm1$ が成立する．

$$\alpha\begin{pmatrix}1\\\tau\end{pmatrix}=\begin{pmatrix}a&b\\c&d\end{pmatrix}\begin{pmatrix}1\\\tau\end{pmatrix}$$

より，α は $\begin{pmatrix}a&b\\c&d\end{pmatrix}$ の固有値で，${}^t(1,\tau)$ はそれに属する固有ベクトルである．よって $\alpha^2-(a+d)\alpha+ad-bc=0$ だが，α は実数でないから $ad-bc=1$, $(a+d)^2<4$ がわかる．したがって $a+d=0,\pm1$ だから，$\alpha=\pm\,\mathrm{i}$, $(-1\pm\sqrt{3}\,\mathrm{i})/2$, $(1\pm\sqrt{3}\,\mathrm{i})/2$ である．それぞれの場合に，$\tau=(\alpha-a)/b$ が $\overline{\mathcal{F}}$ に属することを用いれば τ を求めることができて，$\tau=\mathrm{i}$, $(1+\sqrt{3}\,\mathrm{i})/2$ となる．

4.3.　$f(z)$ の位数を n とする．f' も ω_1, ω_2 を周期にもつ楕円関数なので，その零点集合における f の値は有限個の複素数値しかとらない．そのような有限個の複素数を避けて $a \in \mathbb{C}$ をとる．すると，$f(z) = a$ となる z に対して $f'(z) \neq 0$ だから，$f(z) - a$ は 1 位の零点しかもたない．よって，適当な基本周期平行四辺形で考えれば，$A = \{z \mid f(z) = a\}$ は相異なる n 個の点からなる．f は偶関数なので，$z \in A$ のとき $f(-z) = f(z) = a$ である．もし $z \in A$ に対して $2z \in L = L(\omega_1, \omega_2)$ が成り立てば，任意の複素数 ζ に対して $f'(z + \zeta) = f'(-z + \zeta)$ が成立するが，f' は奇関数だから $f'(z + \zeta) = -f'(z - \zeta)$ となる．しかし，$\zeta \to 0$ とすれば $f'(z) = 0$ となり矛盾である．よって $z \in A$ ならば $2z \notin L$ である．$f(-z) = a$ なので，適当な元 $\omega \in L$ によって $-z + \omega \in A$ とできるが，したがってこれは z とは異なる．よって A は偶数個の点からなる集合である．すなわち n は偶数である．

5.1.　$f(x, y) = a_0 + a_{11}x + a_{12}y + \cdots$ とおく．$a_0 \neq 0$ のとき $f(x, y)/a_0 = 1 - g(x, y)$ と書くことができるので，$(1 + g + g^2 + g^3 + \cdots)/a_0$ が f の逆元である．

5.2.　例えば $d = 3$, $p(t) = t^2 + t^4$.

5.3.　代入して係数を比較すると，$a_1 = -2$, $a_2 - a_1 = 0$, $1 + a_3 - a_2 - a_1^2 = 0$, $a_4 - a_3 - 2a_1^2 a_2 = 0$ を得る．したがって，$a_1 = a_2 = -2$, $a_3 = -11$, $a_4 = -5$.

5.4.　$I_{(0,0)}(f, g) = \operatorname{ord} g(t^3, t^2 + t^4) = \operatorname{ord}(t^8 + 2t^9 + t^{10} + \cdots) = 8$.

6.1.　(1), (2) は省略．(3) $\overline{F} = F(YZ, ZX, XY)/Z^3 = (XY + YZ + ZX)^2(X + Y)^3 - (Y - X)^5 Z^2$ なので，$\mathsf{V}(Z) \setminus \{(0:1:0), (1:0:0)\}$ にある特異点はただ 1 つ $(1:-1:0)$ であり，これは単純尖点である．(4) もほぼ同様である．

6.2.　ともに原点は 2 重点であり，1 回の爆発のあと (1) は通常 2 重点が，(2) は単純尖点が残る．特異点で爆発操作をもう一度行えば，固有変換は非特異になる．

6.3.　種数は 0．特異点は $(0:1:0)$, $(1:0:\pm 1)$ の 3 点である．このうち $(1:0:\pm 1)$ はどちらも単純尖点である．一方，$(0:1:0)$ は 4 重点であり，爆発による固有変換は 2 重点をもつ．この 2 重点でもう一度爆発を行えば通常 2 重点が残る．したがって，$(1:0:\pm 1)$ のデルタ不変量は $\frac{1}{2} \cdot 2 \cdot 1 = 1$, $(0:1:0)$ のデルタ不変量は $\frac{1}{2} \cdot 4 \cdot 3 + \frac{1}{2} \cdot 2 \cdot 1 + \frac{1}{2} \cdot 2 \cdot 1 = 8$ である．

6.4.　$a = \pm 1$ のとき，特異点は $(0:0:1)$, $(0:1:0)$, $(1:0:0)$ の 3 点で，いずれも単純尖点である．よって $c_v = 3$, $n_v = 0$ なので，(6.7) より F の級は 3 となる．$a \neq \pm 1$ のとき，$(0:0:1)$ は単純尖点で $(0:1:0)$ と $(1:0:0)$ は結節点である．したがって，$c_v = 1$, $n_v = 2$ より，F の級は 5 である．

参考文献

[1] L. V. アールフォルス(笠原乾吉 訳), 複素解析, 現代数学社, 1982.

[2] W. Fulton, *Algebraic Curves*, Benjamin, 1969.
(2016 年 10 月現在, 著者のホームページより電子版 (2008) を入手可能.
http://www.math.lsa.umich.edu/~wfulton/CurveBook.pdf)

[3] A. フルヴィッツ/R. クーラント(足立恒雄/小松啓一 訳), 楕円関数論, シュプリンガー・フェアラーク東京, 1991.

[4] J. Hilmar and C. Smyth, Euclid meets Bézout: Intersecting algebraic plane curves with the Euclidean algorithm, American Mathematical Monthly, **117**, no. 3 (2010), 250–260.

[5] 笠原乾吉, 複素解析 1 変数解析関数, ちくま学芸文庫, 筑摩書房, 2016.

[6] 今野一宏, リーマン面と代数曲線, 共立出版, 2015.

[7] Vik. S. Kulikov, A remark on classical Pluecker's formulae, arXiv: 1101.5042v1 [math.AG] 26 Jan. 2011.

[8] 楠 幸男, 解析函数論, 廣川書店, 1962.

[9] H. McKean and V. Moll, *Elliptic Curves*, Function theory, Geometry, Arithmetic, Cambridge University Press, 1997.

[10] 難波 誠, 代数曲線の幾何学, 現代数学社, 1991.

[11] 酒井文雄, 環と体の理論(共立講座 21 世紀の数学 8), 共立出版, 1997.

[12] 酒井文雄, 平面代数曲線(数学のかんどころ 12), 共立出版, 2012.

[13] T. Shioda, The MWL-algorithms for constructing cubic surfaces with preassigned 27 lines, Comment. Math. Univ. St. Pauli **64** (2015), 157–186.

[14] 杉浦光夫, 解析入門 II, 東京大学出版会, 1985.

[15] 梅村 浩, 楕円関数論, 東京大学出版会, 2000.

[16] 山田 浩, 代数曲線のはなし, 日本評論社, 1981.

索　引

著者紹介

今野　一宏（こんの　かずひろ）
1959年　宮城県北生れ
1982年　京都大学理学部卒業
1984年　東北大学大学院理学研究科修士課程修了
現　在　大阪大学教授，理学博士

著　書：代数曲線束の地誌学（内田老鶴圃）
代数方程式のはなし（内田老鶴圃）
リーマン面と代数曲線（共立出版）

An Invitation to Plane Algebraic Curves

2017 年 1 月 31 日　第 1 版発行

著　者©今野一宏
発行者　内田　学
印刷者　山岡景仁

平面代数曲線のはなし

発行所　株式会社　内田老鶴圃　〒112-0012 東京都文京区大塚3丁目34番3号
電話 03(3945)6781(代)・FAX 03(3945)6782
http://www.rokakuho.co.jp/
印刷・製本/三美印刷 K.K.

Published by UCHIDA ROKAKUHO PUBLISHING CO., LTD.
3-34-3 Otsuka, Bunkyo-ku, Tokyo, Japan

ISBN 978-4-7536-0203-2 C3041　U. R. No. 628-1